BLUMEN & GARTEN

EXOTEN

BLUMEN & GARTEN
EXOTEN

Hans Hecht

Kakteen und andere Sukkulenten

Über 300 der schönsten Arten
aus Tropen und Subtropen,
ihre Pflege und Verwendung

Mit Illustrationen
von Ushie Dorner

Mosaik Verlag

Inhalt

Titelbild: Epiphyllum-Hybride 'Stern von Erlau'.

Der Autor: Dr. Hans Hecht ist Naturwissenschaftler, Botaniker und Phytopathologe mit derzeitigem Arbeitsschwerpunkt Zierpflanzenbau. Er leitet einen wissenschaftlichen Versuchsbetrieb, ist Mitglied der Deutschen Kakteengesellschaft (DKG) und der International Organization for Succulent Plant Study (IOS) sowie Verfassser zahlreicher Fachpublikationen. Seine langjährigen beruflichen und privaten Erfahrungen mit sukkulenten Pflanzen machen aus diesem Buch einen kompetenten Ratgeber für Anfänger und Fortgeschrittene.

Vorwort

Kakteen und andere Sukkulenten gehören zu den eigenartigsten Pflanzen unserer Erde. Sie präsentieren einen unvergleichlichen Formenreichtum, herrliche Blüten, bizarre Bedornungen, bunte oder bereifte Blätter und wecken Sammel- und Gestaltungslust.
Dieser opulent und farbig bebilderte, praxisnahe und kompetente Ratgeber führt den Anfänger in die faszinierende Welt der Sukkulenten und bringt auch erfahrenen Pflanzenliebhabern neue Anregungen. Vorgestellt werden mit ausführlichen Pflegefahrplänen etwa 140 Gattungen, dazu weit über 300 Arten sowie zahlreiche Varietäten. Grundwissen über die Botanik und Pflege, Tips für die Verwendung der Sukkulenten im Garten oder Haus runden diesen Ratgeber über exotische Pflanzen ab.

Sonnenkinder unter sich: Kugel- und Säulenkakteen, Agaven, Studentenblumen und Schlafmützchen.

Wissenswertes über Sukkulenten

Kakteen und andere Sukkulenten sind Blütenpflanzen, die sich im Laufe von Jahrmillionen einem hellen, heißen und trockenen Standort anpassen mußten und dabei höchst eigenwillige Gestalten entwickelten. Um für Dürreperioden Wasser speichern zu können, erfanden sie die Sukkulenz oder Dickfleischigkeit, zur Verkleinerung der Verdunstungsflächen Säulen- und Kugelformen, als Licht- und Sonnenschutz Rosetten, zu Dornen reduzierte Blätter, wachsartige Überzüge, korkartige Beläge oder silbrige Haarkleider. Lernen Sie bei einem kleinen Ausflug in die Botanik Heimat und Leben der Kakteen und anderen Sukkulenten kennen – und Sie werden die Ansprüche Ihrer exotischen Gäste gleich viel besser verstehen.

Aeonien und Opuntien an einem vollsonnigen Felshang der Kanarischen Inseln

Wissenswertes über Kakteen

Keine Fotomontage und auch kein Bild vom anderen Stern: Diese gigantische Kugel von Ferocactus acanthodes hoch über der kalifornischen Küste ist ein Paradebeispiel für einen »Wüstenkaktus«. Wieviel Liter Wasser mag er wohl in seinem fast 2 m hohen Körper speichern?

Zur Familie der Kakteen gehören etwa 100 Gattungen mit ca. 2000 Arten. Auf eine abschließende Ordnung in der botanischen Systematik konnte sich die Wissenschaft bislang nicht einigen. Echte und vermeintliche Neuentdeckungen werden zwar seltener, beschäftigen aber immer wieder die wenigen Experten.

Ursprüngliche Heimat der Kakteen ist, bis auf eine Ausnahme, nämlich *Rhipsalis*, die Neue Welt und zwar vom südlichen Kanada bis Patagonien. Auf dieser Nord/Südausdehnung von weit über 10 000 km leben sie in unterschiedlichsten Klimabereichen. Man findet Kakteen im Felsgelände in 4000 m Höhe mit Schnee und Temperaturen, die weit unter Null Grad Celsius fallen können. Sie besiedeln schwerpunktmäßig die Wüsten, Halbwüsten, Steppen, Prärien und Trockensavannen der Südwest-USA, Mexikos und Südamerikas (mit nur Sommer- und/oder nur Winterregen, mit zwei kurzen Regenperioden im Frühjahr und Herbst oder nur sehr sporadischen, geringsten Niederschlägen) ebenso wie die Nebelwüsten an den Westhängen der Anden. Und schließlich begegnet man ihnen sogar in feuchtwarmen Tropen- und Subtropengebieten als Kletterpflanzen oder Epiphyten.

Ebenso unterschiedlich wie die – immer äußerst spärlichen – Wassergaben sind die Bodenverhältnisse. »Wüsten-Kakteen« wachsen in Sand, vulkanischem Staub, in Geröll, auf Lehmböden, also nährstoffreichen, häufig salzangereicherten Mineralböden, epiphytische Arten im Laubhumus der tropischen und subtropischen Urwälder.

Bis auf letztere sind alle Heimatstandorte der Kakteen vegetationsarm. Dort lebende Pflanzen sind an volles, UV-reiches Licht und langen, täglichen Sonnenschein angepaßt und ertragen auch hohe Temperaturen. Im Wasserspeichergewebe wurden bis etwa 45° Celsius bei (Fels-) Bodentemperaturen von ca. 70° Celsius gemessen. Bei dieser ungeheuren Bandbreite der Standortverhältnisse nimmt die Vielfalt von Gattungen und Arten nicht wunder. Wer aber nun glaubt, er müßte bei der Kultur der Kakteen die heimatlichen Bedingungen nachahmen, täte des Guten zuviel. Es gibt kaum anpassungsfähigere Gewächse als Kakteen! Mammillarien aus Mexiko, Säulenkakteen aus Peru, Lobivien aus Bolivien und Opuntien aus den Rocky Mountains können durchaus einträchtig nebeneinander auf einer sonnigen Fensterbank gehalten werden.

Grundsätzlich unterschiedlich zu pflegen sind nur Kakteen trockener Gebiete, auch »Wüstenkakteen« genannt, und solche aus feuchtwarmen Regionen.

Die Evolution der Kakteen

Die Überlebensstrategien, die sich Pflanzen arider Gebiete – der Fachmann nennt sie Xerophyten – im Laufe der Evolution haben einfallen lassen, sind so einfach wie effizient. Man muß sich vorstellen, daß ein Kaktus genauso zu den hochentwickelten Blütenpflanzen gehört wie ein Alpenveilchen – warum nur sieht er so ganz anders aus? Würde man die Evolution im Zeitraffer verlaufen lassen, könnte man folgendes beobachten: Eine Pflanze, die an einem heißen, trockenen Ort ausharren muß, stellt sich darauf ein: Entweder wirft sie, um die Verdunstungsflächen zu verkleinern und sich vor starker Sonneneinstrahlung und Erhitzung zu schützen, ihre Blätter ganz ab oder sie verkleinert sie. Eine weitere Möglichkeit: Sie verfestigt das Blattgewebe und macht es damit welkeresistent. Ergebnis: Ledriges, saftarmes Laub. Oder sie bildet ein mehrschichtiges, dickes äußeres Gewebe (Epidermis) mit einer »wasserdichten«, festen Außenhaut (Kutikula). Manchmal lagert sie auch Korkschichten ein oder legt farbige Wachsschichten auf.

Wie die Kakteengestalt entstand

Die raffinierte Überlebenstechnik einiger Pflanzen heißer, trockener und gleißend heller Regionen hat zur typischen Kakteengestalt geführt. Kakteen verkleinern die Oberfläche des Pflanzenkörpers. Der einzelne Sproß ist abgeflacht, säulig, höckerig, gerippt, bis zur Kugelform gestaucht. Im Laufe der Evolution haben Kakteen die Blätter in Blattdornen und die Enden kurztriebig verbleibender Seitensprosse zu dornen- und borstentragenden Haarpolstern, den Areolen, umfunktioniert. Höcker, Rippen, Warzen, Haare, Dornen beschatten einerseits den Pflanzenkörper und brechen das Licht, behindern andererseits die Verdunstung durch windstille Räume und bilden Kondensationspunkte für Tau und Nebel.

***Ferocactus acanthodes* am Heimatstandort Kalifornien**

Die Erfindung der Sukkulenz

Die Sukkulenz oder Dickfleischigkeit (von lat. *succus* = Saft) war sicher die größte Errungenschaft der Kakteen. Sie passen sich damit dem jeweiligen Wasserangebot mit ihrem schleimig-saftigen, schwammartigen, aus dünnwandigen Zellen gebildeten Speichergewebe an: Sie schrumpfen oder werden ganz prall. Das Wassergewebe, das bis zu 90 % des Pflanzenvolumens betragen und 60 % Wasserverlust schadlos verkraften kann, liegt bei fast allen Kakteen im Stamm. Auch die Wurzeln, die eigentlich der Wasseraufnahme dienen, speichern ebenfalls. So die Rübenwurzeln von *Ariocarpus, Coryphantha, Dolichothele, Gymnocactus, Leuchtenbergia, Lobivia, Mammillaria, Neoporteria, Oroya* und die besonders großen Wurzeln zum Beispiel von *Peniocereus*, bei denen zum Teil auch basale Sproßteile einbezogen sind. Kakteen, die Wurzelknollen besitzen, haben umgebildete sproßartige Wurzeln als Speicherorgane. *Wilcoxia* und *Pterocactus* sind damit die eigentlichen Wurzelsukkulenten. Die Wurzeln verlaufen in der Regel dicht unter der Bodenoberfläche, um auch schon geringste Feuchtigkeitsmengen aus einem möglichst weiten Bereich einzufangen. Es gibt aber auch Kakteen mit tiefreichenden Pfahlwurzeln, die sogar das Grundwasser anzuzapfen vermögen, oft aber die Pflanze nur verankern, während ein verzweigtes Seitenwurzelwerk Wasser sammelt. Ganz allgemein bilden Kakteen ohne Schwierigkeiten Wurzeln aus den Leitgefäßen der Zentralachse – was die Anzucht von Stecklingen erleichtert. Eine besondere Rolle bei der Ausbildung einer Sukkulenz spielt der Gasaustausch. Die Spaltöffnungen (Stomata) der Wüstenkakteen sind tagsüber, um Wasserverluste durch Verdunstung zu vermeiden, geschlossen. Nachts wird das Kohlendioxid der Luft vorübergehend zum Beispiel an Apfelsäure gebunden, am Tage bei geschlossenen Stomata wieder abgespalten. Erst dann läuft die »normale« Photosynthese oder Assimilation ab.

Blüten und Früchte

Kakteenblüten sind Sproßachsen begrenzten Wachstums. Wie bei vielen Zweikeimblättrigen haben sie eine verkürzte, aufgewölbte oder scheibenförmige Achse, an der wirtelig oder spiralig von außen nach innen Kelch- und Kronblätter sowie Staub- und Fruchtblätter stehen. Vertieft sich die Blütenachse krugartig und wird schließlich röhrenförmig, so entsteht die typische Kakteenblüte. Bei manchen Arten entwickeln sich die Blüten bereits im Alter von 2 bis 3 Jahren, andere brauchen eine bestimmte Größe oder ein höheres Alter.
Kakteenblüten sind von atemberaubender Schönheit, halten aber meist nur einen Tag. Es sind alle Farben vertreten, Blau allerdings nur in einem einzigen Fall – bei der seltenen *Wittia amazonica*.
Die Blütenbildung erfolgt bei Kakteen an den Areolen. Die Blüten sind bei Kakteen nicht vor Transpiration geschützt: Großblumige Arten sind deshalb meist Nachtblüher. Nur kleinblütige Arten öffnen tagsüber ihre Blüten. Viele reagieren auf Lichtschwankungen und schließen sich bei Bewölkung. Während Tagblüher an ihrem Heimatstandort hauptsächlich von Bienen, Fliegen, Käfern und Vögeln bestäubt werden, sind es bei den nachtblütigen Kakteen Fledermäuse und Nachtschwärmer. Nachtblühenden Arten entströmt sehr häufig ein angenehmer Duft. Arten, die von Fledermäusen besucht werden, können allerdings auch säuerlich-muffig oder übelerregend riechen. Am schlimmsten stinken die Blüten von *Trixanthocereus*. Mit beginnender Blühfähigkeit verändern viele Kakteen ihr Äußeres: Sie bilden eine weiße Axillenwolle, zum Beispiel bei Mammillarien oder ganze Wollschöpfe (Cephalien) in deutlich abgesetzten Blühzonen. Ein echtes Cephalium, ein haubiges Gebilde von bis zu 1 m Höhe aus Wollhaaren und Borsten erzeugen *Melocactus* und *Discocactus*, allerdings erst im Alter von etwa 10 Jahren. Von einem Pseudocephalium spricht man, wenn sich aus der Schopfhaube das vegetative Sproßwachstum fortsetzt, zum Beispiel bei *Morawetzia* oder *Arrojadoa*. Sogenannte Lateralcephalien sitzen nur senkrecht, einseitig am Sproß. Man findet sie bei einer Reihe von Cereen.
Fast alle Kakteen sind auf Fremdbestäubung durch Tiere, wie Insekten, Vögel oder Fledermäuse, angewiesen. Nur bei *Frailea, Melocactus* und *Rhipsalis* liegt Selbstbestäubung vor.
Nach der Bestäubung und Befruchtung wird der Fruchtboden bei manchen Arten, zum Beispiel bei bestimmten Mammillarien oder bei *Hamatocactus* zur auch auffallend rot oder gelb gefärbten Beere, die die Samen enthält. Die Samen sind übrigens ein wichtiges Kriterium bei der systematischen Einordnung der Arten.

Kakteen feuchtwarmer Gebiete

Kakteen dieser Gebiete sind die Außenseiter der Familie. Mit den sukkulenten Wüstenkakteen haben sie eigentlich nur noch die Reduktion der Blätter gemeinsam (Ausnahme: die laubblättertragende *Pereskia*. Die Sprosse sind abgeflacht, dünn, aber ohne Transpirationsschutzeinrichtungen und übernehmen die Blattfunktion.

Beispiel für einen epiphytisch lebenden Kaktus: Epiphyllum oxypetalum, eine Urwaldschönheit aus Zentral- und Südamerika mit großen, duftenden Blüten, die spitze Kronblätter tragen. Im Gegensatz zu den Wüstenkakteen besitzen epiphytische Kakteen keine Dornen und die Blätter sind botanisch korrekt Triebe.

***Epiphyllum oxypetalum* am Heimatstandort Guatemala**

Ein Beispiel sind die »Blattkakteen«. Kakteen dieses Lebensraumes streben im dämmerigen Dschungel zum Licht und leben deshalb als Kletterpflanzen (*Hylocereus, Selenicereus, Pereskia* und *Epiphyllum*). Sie sitzen in Astgabeln der Urwaldriesen oder auf exponierten, nackten Felsen ohne Verbindung zum Erdboden als Epiphyten (*Aporocactus, Rhipsalis, Schlumbergera*). Epiphytische Kakteen der Gattung *Rhipsalis* sind übrigens auch in Afrika, auf Madagaskar, Sansibar und Ceylon zu finden.

Kakteen-Historie

Aus dem Alttertiär, dem Eozän vor etwa 50 Millionen Jahren, datieren die ältesten Fossilreste der Cactaceen in Utah bzw. Colorado. Bei den Azteken Mexikos wurden große, kugelige Exemplare von *Echinocactus ingens* und *E. grandis* als Opfertische verwendet, auf denen die Priester den Opfern das Herz zu Ehren des Kriegsgottes herausschnitten. Bei Kulthandlungen der Indios verzehrte man Stücke des Peyotl-Kaktus oder Schnapskopfkaktus (*Lophophora williamsii*), der 15 halluzinogene Alkaloide enthält, von denen das dem LSD verwandte Mescalin das wichtigste ist.

Nach Europa kamen Kakteen vermutlich erst durch die Eroberer der Neuen Welt. Im 16. Jahrhundert werden sie erstmals in Kräuterbüchern erwähnt. Im 17. Jahrhundert unterschied man dann schon Gattungen (*Cereus, Pereskia* und *Opuntia*). 1737 vereinigte der große Botaniker Linné alle 24 bekannten Arten unter der einen Gattung *Cactus*. Das Wort stammt aus dem Griechischen und bedeutet soviel wie »die stachelige Pflanze«. Zunächst begeisterte sich nur der Adel, später mit zunehmender Industrialisierung auch das reich gewordene Bürgertum für Kakteen. 1892 wurde die Deutsche Kakteengesellschaft gegründet. Ein regelrechter Kakteenboom mit unverantwortlicher Ausplünderung in den Heimatländern entstand nach dem ersten und auch wieder nach dem zweiten Weltkrieg. Hoffentlich noch rechtzeitig wurde die Kakteenflora in die internationalen Washingtoner Artenschutzbestimmungen aufgenommen. Heute kann sich jeder Liebhaber aus dem überreichen Angebot gärtnerischer Kulturpflanzen auch ausgefallene Kakteenarten beschaffen.

Kakteen als Nutzpflanzen

Eine nennenswerte wirtschaftliche Nutzung der Kakteen gibt es kaum. Einige Arten tragen eßbare Früchte wie *Opuntia ficus-indica*. In Mexiko werden Stücke von Echinokakteen geschält, in Stücke geschnitten und kandiert als »Candy Cactus« verkauft. Viele Säulencereen liefern Früchte, die als »Pitayas« auch bei uns in Feinkostgeschäften und auf Wochenmärkten erhältlich sind. Opuntien spielten auch eine Rolle als Wirtspflanze der Cochenille-Laus, die einen in der Kosmetik verwendeten scharlachroten Farbstoff liefert, der heute allerdings weitestgehend durch Anilinfarben ersetzt wurde.

Kakteenliebhaber unter sich

Geteilte Freude ist bekanntlich doppelte Freude. Überall in Europa gibt es Kakteenliebhaber, die sich zusammengeschlossen haben, um sich gegenseitig auszutauschen (siehe Adressen, Seite 160). Die Deutsche Kakteengesellschaft e. V. feiert 1992 ihr 100-jähriges Bestehen und zählt etwa 9000 Mitglieder. Zusammen mit der Gesellschaft Österreichischer Kakteenfreunde und der Schweizerischen Kakteengesellschaft bringt sie die eigene Zeitschrift »Kakteen und andere Sukkulenten« heraus, die zwölfmal im Jahr erscheint und für Mitglieder kostenlos ist.

Die Aktivitäten der zusammengeschlossenen Kakteenliebhaber sind vielfältig und reichen von Arbeitsgemeinschaften, Diavorträgen, Tauschaktionen und gemeinsamen Fahrten zum Zwecke des Pflanzenkaufs bis hin zu Erstbeschreibungen neu entdeckter Arten, Samenfonds, eigener Bibliothek und Diathek.

Ziele der Deutschen Kakteengesellschaft e.V. sind neben Kontaktpflege und Austausch wissenschaftlicher Untersuchungsergebnisse mit Fachkreisen des In- und Auslandes, neben der Vermittlung von Kenntnissen über Botanik, Züchtung und Pflege von Kakteen auch der Schutz der Natur und Pflanzenwelt.

Artenschutz

Lange Zeit waren Importpflanzen aus den Herkunftsländern besonders begehrte Sammlerstücke. Zu viele Arten wurden an den Heimatstandorten fast ausgerottet. Seit 1973 wird nun nach dem sogenannten Washingtoner Artenschutzabkommen der Handel mit gefährdeten, freilebenden Pflanzen, deren Teilen und Erzeugnissen streng überwacht. Das gewerbsmäßige Einführen und der Kauf sind geregelt, eingeschränkt oder verboten.

Folgende Kakteengattungen sind derzeit davon betroffen: *Ariocarpus, Astrophytum, Aztekium, Backebergia, Coryphantha, Echinocereus, Echinomastus, Leuchtenbergia, Mammillaria, Pediocactus, Pelecyphora, Sclerocactus, Turbinicarpus* und *Wilcoxia*.

Uebelmannia pectinifera

Pachycereus pringlei

Espostoa lanata

Browningia hertlingiana

Lobivia pentlandii

Echinofossulocactus pentacanthus

Opuntia microdasys var. albispina

Echinocactus grusonii

Cereus jamacaru

Opuntia hystricina

Die Vielfalt der Bedornung variiert bei Kakteen stark in Form, Anordnung, Länge, Stärke, Festigkeit, Farbe. Sie hängt von Art und Varietät ab, kann aber auch durch Umweltbedingungen beeinflußt werden. Immer konstant aber bleibt die Anordnung pro Areole und ist somit ein verläßliches Merkmal für die botanische Einordnung.
Links Beispiele für typische Bestachelungen: Uebelmannia pectinifera mit kammartig gestellten Stacheln. Pachycereus pringlei mit weißen, schwarzgespitzten, kräftigen Stacheln. Espostoa lanata mit gelblichen Rand- und langen, hellen, rotbraun gespitzten Mittelstacheln. Browningia hertlingiana mit wenigen gelben, braungespitzten Stacheln Im Jugendstadium. Lobivia pentlandii mit gebogenen, gelblich braunen Randstacheln und meist einem Mittelstachel. Echinofossulocactus pentacanthus mit abgeflachten derben Stacheln. Opuntia microdasys var. alba mit weißen, dicht gebündelten Glochidien. Echinocactus grusonii mit gelben, stark stechenden Rand- und gebogenen Mittelstacheln. Cereus jamacaru mit gelblichen Stacheln. Opuntia hystricina mit fadenartig dünnen, weißlichen Stacheln.

Die faszinierende Formenvielfalt

Kakteen gehören zu den bizarrsten Pflanzen der Flora und bringen prachtvolle Blüten in herrlichen Farben hervor. Genauso bewundernswert sind bei dieser Familie, die wie Rose oder Alpenveilchen zu den hoch entwickelten Blütenpflanzen gehört, die unterschiedlichen Wuchsformen sowie die dekorativen Dornenbilder und Rippenreliefs. Welches Verwandlungspotential in Kakteen außerdem steckt, zeigen morphologische Ausrutscher wie Felsenformen oder Cristaten.

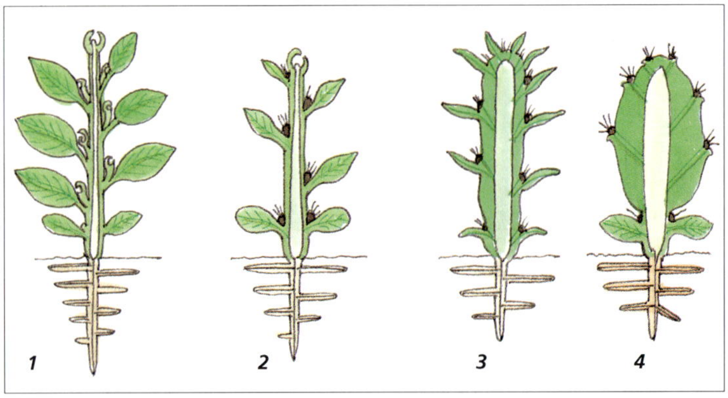

Pflanzen-Evolution: Aus einer krautigen Pflanze wird ein Kaktus.

1 Blütenpflanze mit Sproß, Blättern und Achselknospen.

2 Die Achselknospen haben sich in bedornte Kurztriebe (Areolen) verwandelt, deren Blätter zu Dornen werden.

3 und 4 Die Oberblätter werden immer mehr reduziert, die Sproßachse langsam sukkulent.

Typische Wuchsformen bei Kakteen. *Von links nach rechts: Säule, baumförmiger Wuchs, basal verzweigte Säulen, strauchförmiger Wuchs, hängender Wuchs, hängende Blattriebe, Kandelaberform, dicksäuliger, kurzzylindrischer Wuchs, kugeliger Wuchs, klumpig, polsterförmiger Wuchs, niederliegender Säulenrasen, aufrechte Blattriebe.*

Wurzeln und Sproß

Die Wurzelsysteme der Kakteen sind sehr unterschiedlich. Die meisten sind Flachwurzler und können so die kurzzeitigen, starken Regengüsse an ihrem Heimatstandort optimal nutzen. Daneben gibt es Arten mit wasserspeichernden Rübenwurzeln. Epiphytische Kakteen haben Haftwurzeln, kletternde Arten Klammersprosse mit dort entspringenden Wurzeln oder Hakenstacheln, mit denen sie sich an Trägern (z. B. Dornbüschen) hochspreizen.

Der Kakteenkörper entstand durch Anpassung an einen extrem trockenen Standort (Abbildungen links).

Die Dornen, in der allgemeinen Umgangssprache, wenn auch botanisch nicht korrekt, überall Stacheln genannt, sind auf ein Minimum reduzierte Blätter der Kakteen. Sie sitzen an den Areolen. Außen stehen gleichgeformte oder unterschiedlich lange, gefärbte Randdornen. Davon heben sich die meist kräftigen, oft hakig gebogenen, gedrehten, geringelten oder abgeflachten Mittel- oder Zentraldornen ab.

Wuchsformen

Bei Kakteen kommen alle möglichen Wuchsformen vor.

Baumförmige Arten können 12 bis 15 m hoch werden, zum Beispiel Platyopuntien oder *Browningia*-Arten, *Pachycereus pringlei* oder *Carnegia gigantea*.

Säulen kommen in einfacher und verzweigter Form vor. Einachsig bleiben bestimmte Cephalocereen und *Neobuxbaumia*-Arten. Sehr viel häufiger werden Seitenäste gebildet wie bei *Haageocereus*, *Espo-*

stoa, *Eulychnia*. Bodennahe Verzweigungen führen zu sparrigen Sträuchern. Liegen die Sprosse am Boden auf, bilden sich sproßbürtige Wurzeln und es entsteht eine Art Polster wie zum Beispiel bei vielen Mammillarien, Ferokakteen, Tephrokakteen, Echinocereen.
Die Kugel, mehr oder weniger ausgeprägt von tellerflach bis dicksäulig, ist die häufigste Kakteenwuchsform.
Kletternde Formen besitzen lange Glieder und verzweigen sich strauchartig wie *Selenicereus* oder *Hylocereus*.
Hängende Formen findet man bei vielen epiphytischen Arten wie *Nopalxochia*, *Schlumbergera*, aber auch bei *Aporocactus* und *Hildewintera*.

Blüte und Bestäuber *passen, wie hier beim Weihnachtskaktus, zusammen.*

Rübenartige Wurzeln *können bei einigen Kakteen als Wasserspeicher dienen.*

Besonderheiten

Cristaten, auch Fasciationen oder Verbänderungen genannt, entstehen willkürlich durch Veränderungen an der Wachstumsspitze. Die Sproßachse verbreitert sich bandartig und es bilden sich helm- oder hahnenkammähnliche Mißbildungen. Cristaten können sich ganz oder teilweise wieder auflösen und sind nicht vererbbar. Sie blühen nicht immer, und wenn, dann meist überreich.
Monströse Formen sind genetisch verankerte, also vererbbare Mißbildungen. Sie weisen unregelmäßig angeordnete und verlaufende, verbogene Rippen auf. Die Seitenäste sind kaum entwickelt oder miteinander verwachsen. Ebenso verschmelzen die Areolen, was zu bizarren felsenähnlichen Gebilden führt.

Unterschiedliche Dornenbilder.
Dornen können stern-, kranz- oder kammförmig angeordnet sein. Außen stehen gleichgeformte oder unterschiedlich lange, dicke gefärbte Randdornen. Davon heben sich die Mittel- oder Zentraldornen ab. Sie sind meist kräftiger, oft hakig, gebogen, gedreht, geringelt, abgeflacht oder auf andere Weise auffällig.

Monströse Formen. *Hier handelt es sich um Mißbildungen mit verwachsenen Seitenästen, verschmolzenen Areolen und verbogenen Rippen.*

Hahnenkamm-Formen.
Wachstumsstörungen an der Sproßspitze führen zu hahnenkammähnlichen Mißbildungen.

Wissenswertes über die anderen Sukkulenten

Kakteen sind in der einzigen Familie der Cactaceen zusammengefaßt sind, die anderen Sukkulenten kommen in etwa 50 verschiedenen Pflanzenfamilien mit mehr als 600 Gattungen und Tausenden von Arten vor. Sie bewohnen ebenfalls aride (trockene) Gebiete, die allerdings klimatisch nicht einheitlich sind. Unterschiedliche Niederschlagsmengen, abweichende Temperaturen, Wind- und Strahlungsverhältnisse beeinflussen hier den Lebensrhythmus wesentlich. Die meisten der etwa 3000 Sukkulenten-Arten bewohnen die sonnigsten Gebiete der Erde: Die Kapregion, die Karru (Karroo), das Namaqualand mit der Namibwüste, die Trockengebiete Ostafrikas und das südliche Marokko. Heimatgebiete sind daneben die Inseln Madagaskar und Sokotra. In Asien findet man nur in Indien ein paar Euphorbien und Stapelien. Auch die riesigen Wüsten Australiens haben zwar Xerophyten (an Trockenheit angepaßte Pflanzen), aber so gut wie keine Sukkulentenflora. In Amerika gedeihen neben Kakteen Blattsukkulenten wie Agaven, Crassulaceen, Echeverien, *Sedum* sowie *Pachypodium*. Stammsukkulenten (Euphorbien) sind selten. Und Europa? Hier gibt es, von den Kanaren abgesehen, bis auf einige *Sedum*- und *Sempervivum*-Arten wohl nur Zuwanderer wie Agaven und Opuntien, die vor allem den Mittelmeerraum bevölkern. Weltweit verbreitet (ausgenommen Polargebiete) sind nur *Crassula*-Arten und *Cissus quadrangularis*. Weiterhin gibt es Besiedler feuchtwarmer Tropenzonen, zum Beispiel *Aloe*-Arten, Epiphyten wie peruanische *Peperomia*- Arten und Kletterpflanzen wie die Kranzschlinge (*Hoya*) aus Südostasien.

Aussehen und Überlebensstrategien

Obwohl viele andere Sukkulenten aussehen wie ein Kaktus, unterscheiden sie sich doch in vielem grundsätzlich. Die Dornen der Kakteen sind umgebildete Blätter, die Dornen der im Habitus ähnlichen Euphorbien dagegen ganz oder teilweise umfunktionierte Seitenäste oder, wie bei den *Senecio*- und *Crassula*-Arten, abgewandelte Blütenstände. Echte Stacheln als nicht holzige, spitze Auswüchse der Oberflächengewebe, sind die Blattstacheln einiger Agaven und Aloen sowie die von *Euphorbia milii*, dem Christusdorn.

Blattsukkulenten

Erscheint die Bauart der meisten Kakteen recht einheitlich, ist die Formenvielfalt der anderen Sukkulenten ungeheuer groß. Die wesentlichen morphologischen Merkmale der Sukkulenz sind bereits bei den Kakteen, den Prototypen sukkulenter Pflanzen, angesprochen worden. Das Bestreben, zum Schutz vor zu großer Wasserverdunstung die Oberfläche möglichst klein (»je trockener, desto kleiner«) zu halten, betrifft bei den Sukkulenten besonders häufig die Blätter, zum Beispiel bei *Aloe*, *Lithops* und bei Crassulaceen. Sie sind oft walzen- oder kugelförmig wie bei *Conophytum*, liegen schuppenförmig eng um eine Achse wie bei *Senecio* oder sind, sich überlappend, zu dichten Rosetten wie bei *Echeveria* angeordnet. Rosettenblätter können sich wie ein Trichter ausbreiten und Wasser einfangen. Bei Trockenheit krümmen sich die Blätter einwärts, damit die Verdunstung verringert wird.

Es gibt Arten, deren kleine, dicke Blätter so dicht und kreuzständig übereinander um die Sproßachse liegen, daß nur mehr ihre Kanten Spaltöffnungen und Chloroplasten haben und Atmung, Luftaustausch und Photosynthese übernehmen, zum Beispiel *Crassula pyramidalis*. Zwei Reihen wechselständiger Blätter findet man bei *Gasteria*, gegenüberstehende in Paaren bei *Crassula arborescens*.

Viele Sukkulenten werfen bei Trockenheit ihr Laub ab oder verringern drastisch die Zahl der Blätter. Pro Jahr wird »minimal« nur ein Paar ausgebildet, das auch noch bis auf einen Spalt verwachsen ist. Während der Trockenperiode schrumpft es zu einer papierartigen Hülle, unter der sich das neue Blattpaar entwickelt.

Auch die Bauweise der Blätter dient einer verringerten Wasserabgabe nach außen. Viele sind mit einer starken, dicken Epidermis ausgestattet und oft dicht behaart oder bewachst sowie mit verengten, verstopften, eingesenkten, überlappten (windgeschützten) Spaltöffnungen auf der Ober- oder Unterseite ausgestattet.

Es gibt auch raffinierte Einrichtungen, die der Wasseraufnahme dienen: Blatthaare wie bei *Crassula*-Arten, *Trichodiadema* und anderen, besonders elastische Epidermiszellen, die quellen und auch wieder schrumpfen wie bei *Adromischus* und *Kalanchoe*, Luftwurzeln und

Aeonium subplanum am Heimatstandort. Deutlich ist zu sehen, wie die Sukkulente ihre Rosettenblätter einwärts krümmt, um unter gleißender Sonne die Verdunstungsflächen zu verringern.

***Aeonium subplanum* am Heimatstandort**

Nebenblätter, die Feuchtigkeit aufsaugen können wie bei *Anacampseros*-Arten.
Besonders kurios sind die Fensterblattpflanzen (viele Mittagsblumengewächse). Bei ihren hochsukkulenten, häufig keulenförmigen Blättern reicht an deren Ende das zentrale Wassergewebe bis unter die Epidermis heran, die dort ganz oder stellenweise chloroplastenfrei frei ist. Das Blattende wirkt damit glasig durchsichtig wie ein Fenster. Der übrige Blattkörper steckt im Boden. Das zur Assimilation zwar notwendige, aber häufig zu intensive Sonnenlicht gelangt nur gebremst durch das Fenster zu den geschützt liegenden Chloroplastenschichten. Kleinflächige Flecken, die manchmal marmoriert zusammenfließen, ergeben Musterungen, die auch der Tarnung der Pflanzen zwischen den Steinen dienen (Mimese = Angleichung).

Botanische Familien mit prominenten sukkulenten Vertretern

Familie	Gattungen	Bekannte Arten
Agavaceae Agavengewächse	*Agave* *Sansevieria*	*A. victoria-reginae* Bogenhanf
Aizoaceae Mittagsblumengewächse	*Argyroderma* *Cephalophyllum* *Conophytum* *Faucaria* *Fenestraria* *Frithia* *Gibbaeum* *Glottiphyllum* *Lithops* *Oophytum* *Ophthalmophyllum* *Pleiospilos* *Rhombophyllum* *Ruschia* *Schwantesia* *Titanopsis* *Trichodiadema*	 Tigerrachen Fensterblatt Zungenblatt Lebende Steine Eierpflanze Augenblatt
Apocynaceae Hundsgiftgewächse	*Adenium* *Pachypodium* *Plumeria*	Wüstenrose Madagaskarpalme Frangipani
Asclepiadaceae Schwalbenwurzgewächse, Seidenpflanzengewächse	*Caralluma* *Ceropegia* *Duvalia* *Hoodia* *Huernia* *Stapelia* *Trichocaulon*	Fliegenblume Leuchterblume Aasblume, Ordensstern
Commelinaceae Kommelinengewächse	*Tradescantia*	Dreimasterblume
Compositae Korbblütler	*Senecio*	Kreuzkraut
Crassulaceae Dickblattgewächse	*Adromischus* *Aeonium* *Cotyledon* *Crassula* *Echeveria* *Dudleya* *Graptopetalum* *Kalanchoe* *Sedum* *Sempervivum*	Kurzstiel *Aeonium atropurpureum* (Handelssorten) Blitzschlag, Talerbaum Flammendes Käthchen Fetthenne, Affenschaukel Hauswurz
Euphorbiaceae Wolfsmilchgewächse	*Euphorbia* *Monadenium* *Pedilanthus* *Synadenium*	Christusdorn Baseball-Euphorbie Chinakaktus Maiskolbenpflanze Medusenhaupt Milchbaum
Geraniaceae Storchschnabelgewächse	*Pelargonium*	Sukkulente Pelargonien
Liliaceae Liliengewächse	*Aloe* *Gasteria* *Haworthia*	Zebra-Aloe Gasteria Haworthie
Portulacaceae Portulakgewächse	*Anacampseros* *Portulacaria*	Liebesröschen Speckbaum

Stamm- und Wurzelsukkulenten

Nicht alle Sukkulenten sind blattsukkulent. Vor allem grünrindige Euphorbien und Stapelien haben keine oder nur rudimentäre Blätter. Dafür assimiliert und transpiriert der oberflächlich verkleinerte Sproß, der insgesamt oder nur an der knollenartig verdickten Sproßbasis wasserspeichernd sein kann. Er bildet die üblichen Schutzeinrichtungen gegen Wassermangel aus wie Korkmantel, Wachsschichten, stabilisierendes Festigungsgewebe, zum Beispiel bei Kalanchoen und Aloen. Solche Pflanzen sind stammsukkulent und gleichzeitig konvergent zu vielen Kakteen. Beispiele *Euphorbia*, *Stapelia*, *Huernia*, *Kleinia*, wobei der gesamte Sproß oder nur die knollenartig verdickte Sproßbasis wasserspeichernd ist. Wenige Arten sind auch wurzelsukkulent (Strunksukkulenten). Ihre oberirdischen Pflanzenteile erscheinen kaum sukkulent.

Blüten, Früchte, Samen

Die Blüten sind je nach Familienzugehörigkeit recht unterschiedlich. Die Blütenfarben reichen von Weiß über Gelb bis Rot in allen Schattierungen. Blau kommt nur bei *Sedum caeruleum* vor.
Einjährig blühen zum Beispiel *Portulaca*, *Dorotheanthus*, zweijährig Mittagsblumengewächse, erst nach 7 bis 10 Jahren Agaven, die dann absterben, sich aber vorher vermehren. Kleine Blüten verbrauchen zwar viel weniger Wasser als große, sind aber trotzdem nur

Sukkulenten aus verschiedenen Familien

Aloe aristata

Pleiospilos bolusii

Echeveria pulvinata

Testudinaria elephantipes

Pachypodium lamerei

Haworthia truncata

Stapelia gigantea

Senecio rowleyanus

Die anderen Sukkulenten stammen im Gegensatz zu Kakteen aus völlig unterschiedlichen Familien. Die Abbildungen links zeigen Beispiele.
Aloe aristata gehört zu den Agavengewächsen (Agavaceae).
Pleiospilos bolusii ist ein rasenbildendes Mittagsblumengewächs (Aizoaceae).
Die entzückenden Echeverien zählt man zu den Dickblattgewächsen (Crassulaceae), den bizarren Elefantenfuß, Testudinaria elephantipes (syn. Dioscorea elephantipes) zu den Yamswurzelgewächsen (Dioscoreaceae).
Die Madagaskarpalme enthält Giftstoffe, worauf auch ihre Familienzugehörigkeit zu den Hundsgiftgewächsen (Apocynaceae) hinweist.
Die Haworthia ist ein Liliengewächs (Liliaceae), die auffällige Stapelia gigantea ein Schwalbenwurzgewächs (Asclepiadaceae).
Senecio rowleyanus schließlich sieht man überhaupt nicht an, daß er eng mit Kamille und Löwenzahn verwandt ist und zu den Korbblütlern (Compositae) gehört.

kurz geöffnet. Lediglich bei Stapelien sind die Blüten ledrig und fleischig und deshalb auch einige Tage offen. Selbstbestäubung erfolgt selten. Extreme Fremdbestäubung ist bei zweihäusigen Pflanzen, zum Beispiel bei *Euphorbia obesa* und dem Elefantenfuß, *Dioscorea elephantipes* (syn. *Testudinaria*) gegeben.

Die Samenanlagen enthalten winzig kleine bis erbsengroße Samen. Fleischige Früchte sind die Beeren von *Cissus* und *Cyphostemma*. Trockene Früchte (aus einem Fruchtblatt) mit aufplatzender Bauchnaht besitzen Dickblattgewächse, Seidenpflanzengewächse, Hundsgiftgewächse, eine Kapsel aus mindestens zwei Fruchtblättern Lilien- und Agavengewächse, eine Spaltfrucht Euphorbiengewächse.

Samen werden durch Wind, Wasser, Tiere oder Menschen verbreitet. Durch Ausläufer vermehren sich beispielsweise *Crassula sarmentosa*, durch Blätter oder Brutknospen manche Kalanchoen.

Nutzung und Verwendung

Manche Sukkulentenarten haben in ihrer Heimat durchaus wirtschaftliche Bedeutung. Zahlreiche Agaven sind in tropischen und subtropischen Gebieten, vor allem Mittelamerikas, wichtige Nutzpflanzen, die feldmäßig angebaut werden. Den Saft von *Agave goldmanniana* trinken die Mexikaner frisch als Agumial, vergoren als Pulque (das mexikanische Nationalgetränk) oder als Tequila-Schnaps.

Agave sisalana ist eine ergiebige Faserpflanze und als einzige Sukkulente von nennenswertem Nutzwert. Sie wird zur Gewinnung von Sisalhanf in den Tropen der ganzen Welt, zumeist in Großplantagen angebaut. Die Sisalagave lebt 6 - 12 Jahre und bildet in dieser Zeit einen bis 1m hohen, von der Blattrosette gekrönten Rosettenbaum. In der vegetativen Phase sprießen bei der Agave jährlich etwa 15 - 20 Blätter, die nach 2 - 4 Jahren geschnitten werden. Man entfasert die fleischigen Blätter noch im frischen Zustand maschinell und gewinnt dabei die den Leitbündeln anliegenden, 1 - 2 m langen Faserbündel. Nach dem Waschen und Trocknen werden die glänzend gelben Fasern durch Schlagen und Bürsten wieder geschmeidig. Aus Sisalfasern werden Bindegarne, Seile, Netze, Hängematten, Möbelstoffe und Teppiche hergestellt. In gleicher Weise nutzt man auch die Blattfasern der mexikanischen Henequen- oder Silberagave, *Agave fourcroydes*. Ähnlichen Nutzwert haben die Fasern des Bogenhanfs, einer *Sansevieria*.

Die *Aloe* zählt zu den ältesten Heil- und Schönheitsmitteln. Nofretete und Cleopatra pflegten mit dem Saft des sukkulenten Liliengewächses ihren Teint, für die Indianer war die *Aloe* »der Zauber des Himmels« und die Chinesen verwenden sie noch heute als Medizin und Schönheitsmittel. In Europa ist sie seit 150 Jahren bekannt und vor allem auf dem Land hielt sich jeder eine Brandaloe, *Aloe arborescens* als »Erste-Hilfe-Pflanze« in Töpfen und Kübeln. Brandwunden und zerschundene Kinderknie wurde mit dem kühlenden und heilenden Saft der Pflanze erfolgreich behandelt. Für kosmetische Zwecke wird heute vor allem *Aloe vera* (syn. *Aloe barbadensis*) plantagenmäßig angebaut. Sie wächst rosettenförmig und wird mehr als meterhoch. Die etwa 80 cm langen Blätter können 3 cm dick werden und wiegen oft mehr als ein Kilo. Zur Gewinnung des wertvollen »Aloe-Gels« schält man das innere, farblose und schleimige Parenchym von Hand heraus. Man kann es frisch auf die Haut auftragen oder kosmetische Produkte verwenden, die dieses Gel enthalten.

Pharmazeutische Verwendung finden mehrere *Aloe*-Arten. So dient der eingedickte Blattsaft der Kap-Aloe, *Aloe ferox*, als Abführmittel bei chronischer Verrstopfung. Wirksame Inhaltsstoffe sind Aloin, Harze und Bitterstoffe. Aloepulver, in Wasser gekocht (1 Messerspitze auf 1/4 l Wasser) wurde früher als Augenwasser bei trüben, entzündeten oder eitrigen Augen und auch als Wundwasser bei schlecht heilenden Wunden eingesetzt.

Die Duftpflanze Frangipani (*Plumeria rubra und P. alba*) ist eine weitere Sukkulente mit geschichtlichen Hintergrund. Entdeckt wurde sie von dem Botaniker Mercutio Frangipani Ende des 15. Jahrhunderts. Ihren botanischen Namen *Plumeria* verdankt sie dem Fuchsien-Entdecker Charles Plumier 1646 - 1706). Unsicher ist die Herkunft ihres volkstümlichen Namens. Wurde sie nach ihrem Entdecker benannt oder, weil ihre Blüten genauso wundervoll dufteten, nach einem bereits 300 Jahre vorher existierenden Parfum gleichen Namens, das der italienischer Parfümeur Frangipani aus verschiedenen ätherischen Ölen zusammengemixt hatte? Dieses Parfum, Lieblingsduft der legendären Katharina von Medici, war jahrzehntelang Favorit der feinen Gesellschaft und über seine Zeit hinaus berühmt. Möglich ist auch eine dritte Variante, nach der ein Marquis Frangipani, Marschall in der Armee Ludwigs XIII. dieses Parfum geschaffen haben kann. Und dies vielleicht sogar bereits aus echten *Plumeria* -Blüten.

Die Abbildung rechts zeigt Opuntien, verschiedene Agaven, Christusdorn und Sommerblumengewächse wie Gazanien und Kapastern frei ausgepflanzt. Während Opuntien in günstigen Lagen durchaus winterhart sind, müssen Agave und Christusdorn vor Einbruch der Fröste ins Haus geholt werden. Es empfiehlt sich daher, sie bei Freilandbepflanzung mit dem Container in den Boden einzusenken.

Frei ausgepflanzte Opuntien, Agaven, Euphorbien und Sommerblumen

Wuchs und Blüten der anderen Sukkulenten

War schon die Vielfalt der Kakteen beeindruckend, staunt man beim Anblick der anderen Sukkulenten über die unerschöpfliche Kreativität der Natur. Blüten wie Jugendstil-Leuchter oder Schmuckstücke der Juwelierskunst, Blattrosetten von ästhetischer Schönheit und Perfektion – von den Sukkulenten könnten Designer noch was lernen.

Wuchsformen 1.

Von links nach rechts: Sukkulenter Trieb von Senecio articulatus aus der Familie der Korbblütler, Kugelform bei Euphorbia obesa, einem Wolfsmilchgewächs, »Perlenschnüre« von Senecio rowleyanus, ebenfalls aus der Familie der Korbblütler, zweizeiliger Fächer von Haworthia truncata, einem Liliengewächs, kugelige Conophytum-Art aus der Familie der Mittagsblumengewächse.

Wuchsformen 2.

Von links nach rechts: Aloe variegata, ein Liliengewächs mit dachziegelig stehenden Blättern; Rosette von Echeveria aus der Familie der Dickblattgewächse, säulenartige Kakteenform bei Euphorbia horrida (Wolfsmilchgewächse), vierkantige Stämmchen bei dem Seidenpflanzengewächs Stapelia hirsuta und »wurstförmige« Sprosse bei Sedum morganianum, einem Dickblattgewächs.

Wuchsformen

Die Wuchsformen der anderen Sukkulenten sind ungeheuer vielfältig. Neben Kugeln und Säulen sind vor allem Rosetten ein Thema mit zahlreichen Variationen, zum Beispiel bei *Haworthia, Aeonium* oder *Echeveria*. Bizarr sehen auch die »Perlenschnüre« einiger *Senecio*-Arten und die eigenartigen »Kieselsteine« der Fensterblattpflanzen aus, welche zum Beispiel die Gattungen *Lithops* und *Conophytum* hervorbringen.

Blütenformen

Noch vielfältiger als die Wuchsformen präsentieren sich die Blüten der unterschiedlichen Familien.

Crassula-Blüten sind einfach. Da gibt es die Form einer kleinen, aufrechten *Crassula*-Blüte, bei der von außen nach innen die gleichzähligen Wirtel von Kelch-, sternförmig ausgebreiteten, meist weißlichen oder rötlichen Kron-, Staub- und Fruchtblättern kommen.

Stapelien-Blüten sind besonders auffällig geformt und gefärbt und riechen, wie der deutsche Name Aasblume sagt, nach Aas. Der »Stern« einer Stapelien-Blüte ist mit einem kleinen, unscheinbaren Kelch, am Grund zur Röhre verwachsenen fünf Kronzipfeln und einem Ring um die eigentlichen Geschlechtsorgane ausgestattet. Innerhalb des Ringes werden fünf erhöht stehende Staubblätter, die zwei freie Fruchtblätter umschließen, von einer äußeren und einer inneren Nebenkrone umgeben. Die Blütenblätter sind unterseits gräulich oder rötlich, oberseits schwielig, furchig oder haarig und sehr auffällig braun oder violett gefärbt.

Euphorbien haben zwittrige Blütenstände, in denen eine weibliche Blüte von fünf Gruppen männlicher Blüten umgeben ist. Um Selbstbestäubung auszuschließen, reifen die weiblichen Narben vor den männlichen Staubblättern. Bei vielen Euphorbien sind die Cyathien (Blütenstände) eingeschlechtlich. Auf einer Pflanze finden sich entweder männliche oder weibliche, immer jedoch recht einfache Blüten.

Ceropegien-Blüten sind raffinierte Fallen für kleine Fruchtfliegen, die durch die fünf Schlitze der schirmförmigen Spitze in die Röhre fallen. Da der Rückweg versperrt ist, müssen die Insekten die Pflanze bestäuben. Erst wenn dies geschehen ist, welkt die Blüte, die glatten Innenwände des Blütenkelches werden runzelig, die Behaarung wird schlaff und somit der Fluchtweg frei.

Bei *Senecio*-Arten sitzen die Blüten zu vielen in Körbchen. Das einzelne Blütchen ist meistens eine sogenannte Scheibenblüte, röhrenförmig mit einer fünflappigen Blütenkrone.

Blütenformen 1.

V. l. n. r.: Ceropegia woodii, C. distincta ssp. haygarthii, Euphorbia milii, Senecio, Aloe.

Blütenformen 2.

V. l. n. r.: Adenium obesum (oben), Titanopsis calcarea, Echeveria, Stapelia variegata, Graptopetalum bellum.

Konvergenz

Wenn Pflanzen völlig unterschiedlicher Herkunft auf zwei voneinander getrennten Kontinenten wie Amerika und Afrika unter gleichen klimatischen Bedingungen die gleiche Gestalt, zum Beispiel die Kakteenform wählen, spricht man von Konvergenz. Bei den Kakteen der Neuen Welt und den Euphorbien der Alten Welt kommt dies gleich mehrmals vor. Bekannte Artenpaare sind *Euphorbia obesa* und *Astrophytum asterias* sowie *Euphorbia horrida* und *Lobivia ferox*. Die säulige Kakteenform haben auch *Stapelia grandiflora, Senecio stapeliiformis* und *Cissus quadrangularis* gewählt.

Beispiel für Konvergenz.

Links das Wolfsmilchgewächs Euphorbia obesa aus Südafrika, rechts der Kaktus Astrophytum asterias aus Mexiko. Man beachte die verblüffende Ähnlichkeit der Gestalten und die beispielhafte Symmetrie dieser beiden Pflanzen.

Kleines Sukkulenten-Wörterbuch

Bei Kakteen und anderen Sukkulenten gibt es eine Reihe von wissenschaftlichen Fachausdrücken, die sich kaum durch deutsche Namen ersetzen lassen. Schlagen Sie hier kurz nach, wenn Sie die Erklärung für eine botanische, gärtnerische oder naturwissenschaftliche Bezeichnung nicht verstehen.

Anulus: Ringförmiger Auswuchs der Blütenkrone bei Stapelien.

Areolen: Stachel- und wollige Borstenpolster der Kakteen, achselständige Kurztriebe.

Aufsitzerpflanzen: Siehe Epiphyten.

Axillen: Abzweigungen der Seitensprosse, meist wollige Haarbildung zwischen den Warzen; dort werden die Blüten ausgebildet.

Borstenschopf: Vorstufe eines Cephaliums.

Cephalium: In der Blühzone borstiger und haariger Schopf, aus dem bei einigen Kakteenarten die Blüten kommen.

Cristaten: Hahnenkamm- oder helmförmige Wachstumsänderungen von Sproßteilen.

Cyathium: Blütenstand der Euphorbien.

Dornen: Durch Umwandlung von Blättern, Sprossen oder Wurzeln entstandene, spitze, stechende Pflanzenteile.

Eingeschlechtliche Blüten: Entweder nur männliche oder nur weibliche Organe, getrennt auf verschiedenen Pflanzenindividuen.

Epidermis: Ein- oder mehrschichtige Oberhaut als Außengewebe.

Epiphyten: Pflanzen, die an ihrem Naturstandort nicht in der Erde, sondern in den Astgabeln der Bäume wachsen und nicht parasitieren. Sie werden darum auch Aufsitzerpflanzen genannt.

Evolution: Entwicklungs- und stammesgeschichtliche Entwicklung der Pflanzen.

Fasciationen: Siehe Cristaten.

Faserwurzeln: Feine Nebenwurzeln zur Wasser- und Nährsalzaufnahme.

Fensterblätter: Fleischige Blätter mit glasigen, blattgrünarmen Zonen.

Glochidien: Winzige, gefährliche, mit Widerhaken versehene, einzellige Borstenhaare der Opuntien.

Griffel: Blütenteil, der Narbe und Fruchtknoten miteinander verbindet.

Habitus: Äußere Gestalt einer Pflanze. Wuchsbild.

Hochblätter: Blätter, die unterhalb der Blüte, aber über den Laubblättern sitzen, die Aufgabe haben, die Blüten zu schützen und Insekten anzulocken und oft so prachtvoll gefärbt sind, daß sie die Blütenblätter ersetzen.

Honigdrüsen: Blütenorgane der Euphorbien, die durch ein honigartiges Sekret Insekten anlocken.

Hosenstacheln: Von einer Scheide, einer papierartigen Hülse umgebene (Opuntien-) Stacheln.

Hybride oder Bastard: Kreuzungsprodukt von Pflanzen verschiedener Gattungen, Arten oder Varietäten.

Kallus: Korkartige, oberflächliche Schutzschicht als wundverschließendes Gewebe.

Kelchblätter: Siehe Sepalen.

Kindel: Seitensprosse, die sich abgetrennt leicht bewurzeln und weiterentwickeln.

Kleistogamie: Eine Blüte, die keimfähige Samen erzeugt, ohne sich je zu öffnen – also eine Blütenknospe, die Samen bringt.

Konvergenz: Gestaltähnlichkeit systematisch nicht verwandter Pflanzen oder anlagemäßig verschiedener Organe durch Anpassung.

Kutikula: Wachsähnliche, wasserabstoßende, transpirationsverhindernde, UV- und strahlungsabweisende Hautschicht über der Epidermis.

Lateralcephalium: Seitliches, einseitiges Cephalium.

Luftwurzeln: Organe tropischer Pflanzen zur Aufnahme von Luft, Wasser und Nährstoffen. Luftwurzeln können sich bei Erdkontakt verzweigen und Stützwirkung haben.

Mamillen: Höcker- oder zitzenförmige, auch langgezogene Warzen der Kakteenoberfläche.

Milchsaft: Milchiger, zum Teil giftiger Pflanzensaft, zum Beispiel bei Euphorbien.

Mimese: Angleichung des Pflanzenäußeren (Färbung, Gestalt) an die Umgebung.

Monstrositäten: Erbliche Wachstumsanomalien.

Mutation: Veränderte Erbanlage, die spontan auftritt oder künstlich, zum Beispiel durch Chemikalien oder Strahlung, ausgelöst werden kann.

Narbe: Ende des Griffels einer weiblichen Blüte, auf die der Pollen bei der Bestäubung gelangt.

Pectinat: Ausdruck für eine kammartige Wuchsform.

Petalen: Innere Blütenblätter (Kron- oder Blumenblätter).

Photoperiodismus: Lichtabhängige Entwicklungsprozesse, je nach täglicher Länge der Licht- und Dunkelperiode.

Photosynthese: Aufbau von Kohlenhydraten (Zuckern) aus dem Kohlendioxid der Luft und dem Wasser aus dem Boden mit Hilfe von Sonnenenergie

und Blattgrün (Chlorophyll) unter Freiwerden von Sauerstoff. Sonnenenergie wird also chemisch gespeichert.
Phyllocladien: Blattähnliche Flachsprosse.
Pseudocephalium: Scheincephalium, vom Sproß wieder durchwachsen.
Rippen: Untereinanderstehende Mamillen werden gleich hochgehoben.
Rosette: Dichte Anordnung der Blätter durch extrem verkürzte Sproßachse.
Sepalen: Schützende, äußere Kelchblätter nebst Nebenblättern.
Spaltöffnungen: Zwei blattgrünhaltige Schließzellen, zwischen denen ein Spalt eine Verbindung zwischen der Außenluft und dem Pflanzeninneren herstellt.
Stacheln: Spitze, stechende Anhangsgebilde der Epidermis von Sproßachse oder Blättern.
Stammsukkulenten: Pflanzen, deren Stamm wasserspeicherndes Gewebe enthält.
Stomata: Siehe Spaltöffnungen.
Systematik: Einteilung der Pflanzen nach Ordnungen, Familien, Gattungen, Arten.
Transpiration: Verdunstung des in den Leitbündeln geleiteten Wassers durch die Stomata von Blatt und Sproß.
Warzen: Gebilde, die aus dem Blattgrund der reduzierten Oberblätter wachsen.
Wurzelsukkulenten: Pflanzen, deren Wurzeln wasserspeicherndes Gewebe besitzen.
Zwittrige Blüten: Bisexuelle Blüten. In einer Blüte sind Staub- und Fruchtblätter vorhanden. Bei fast allen Kakteen der Fall.
Zygomorphe Blüten: Blüten, die sich nur durch eine Symmetrieebene in zwei spiegelbildliche Hälften zerlegen lassen, zum Beispiel bei *Schlumbergera, Cleistocactus, Denmoza, Matucana*.

Wegweiser für den Lexikonteil

Auf den folgenden 93 Seiten lernen Sie die schönsten sukkulenten Pflanzen für die Kultur im und am Haus kennen. Der sogenannte Steckbriefteil gliedert sich in zwei Teile: Zuerst werden die bekanntesten Kakteen vorgestellt, die alle zur Familie der Cactaceen (*Cactaceae*) zählen. Danach folgen die anderen Sukkulenten, die sehr unterschiedlichen Pflanzenfamilien angehören.

Die Pflanzenbeschreibungen sind wie folgt aufgebaut:

Botanischer Name. Er wird, da international gültig, zuerst genannt und bestimmt das Alphabet. Wird eine Gattung besprochen, wird nur der Gattungsname geführt, zum Beispiel *Mammillaria*, bei Besprechung nur einer Art, zum Beispiel *Aztekium ritteri*, zusätzlich der Artenname *ritteri*. Weitere, der behandelten Gattung zur Zeit zugeordnete Gattungen, sind ebenfalls angegeben.
Deutscher Name. Er steht, etwas kleiner, unter der botanischen Bezeichnung. Fehlt er, gibt es keine deutsche Bezeichnung.
Abbildung. Jede Gattung oder Art ist abgebildet, oft sind es auch mehrere Arten oder Varietäten.
Symbole. Sie geben auf einen Blick Auskunft über wichtige Merkmale und Ansprüche der Pflanze.

Kugelform	ca. 0 bis ca. 8°C *
Säulenform	ca. 8 bis c a. 12°C *
Kletterpflanze	mehr als 12°C *
Ampelpflanze	humoses Substrat
Kriechpflanze	mineralisches Substrat
Polsterwuchs	hoher Wasserbedarf
Rosette	mittlerer Wasserbedarf
stinkende Blüten	geringer Wasserbedarf
wohlriechende Blüten	hoher Nährstoffbedarf
hell	mittlerer Nährstoffbedarf
vollsonnig	geringer Nährstoffbedarf
halbschattig	Giftpflanze
schattig	* Überwinterungstemperatur

Allgemeines enthält Pflanzenbeschreibungen und Informationen zum Heimatstandort.
Pflege. Gibt die wichtigsten Tips für die Pflege rund ums Jahr an.
Arten. Hier stehen Kurzinformationen über kulturwürdige und bekannte Arten (oder Varietäten), meist mit Angabe der Blütenfarbe – wichtig für den Kauf. Gärtnerisch gezüchtete Pflanzen erhalten ein cv. = cultivar; der Sortenname wird in Anführungszeichen gesetzt, Hybriden sind durch ein vorgesetztes x gekennzeichnet. Mutationen oder andere auffällige Biotypen werden unter f. = forma geführt.
Kasten. Er enthält Synonyme, unter denen die Pflanze auch noch bekannt ist.
Extra-Tip. Hier findet man wichtige Hinweise zur Pflege oder anderes, was sich herauszuheben lohnt.

Die schönsten Kakteen und ihre Pflege

Kennen Sie viele Zimmerpflanzen, die so herrliche Blüten bringen wie dieser Blattkaktus Epiphyllum 'Demetrius'? Wenn Sie jetzt noch erfahren, daß eine solche Pflanze auch ausgesprochen pflegeleicht und anspruchslos sein kann, wird Sie das Kakteenfieber bald packen. Kakteenblüten sind für Blumenfreunde immer wieder etwas Besonderes, mit Freude Erwartetes und mit ein wenig Fachwissen auch Erreichbares. Und wer sich erst einmal mit den stacheligen Gesellen beschäftigt, der entdeckt dazu den unerschöpflichen Ideenreichtum der Natur: Kakteen als Sträucher und Bäume, Kugeln und Säulen, Winzlinge und Riesen, nackte und zottelige Arten mit immer wieder anderen Dornen: lang und kurz, dick und nadelig, gerade und krumm, einfarbig und gemustert, glatt und rauh - jede Art ein kleines Wunder für sich ... !

Prachtvoller Blattkaktus: Epiphyllum-Hybride 'Demetrius'.

Acanthocalycium violaceum stammt aus Nordargentinien und fällt durch lange Stacheln und zahlreiche große Blüten auf. Der Kaktus braucht einen besonders sonnigen Platz.

Acanthorhipsalis monacantha ist besonders hübsch im Schmuck der rosakarminfarbenen Früchte, die in jedem Fall attraktiver sind, als die eher unscheinbaren Blüten.

Die grünlich-gelbbraunen Blüten von Ancistrocactus scheeri fallen wenig auf, obwohl sie meist zu mehreren auftreten.

Acanthocalycium

Acanthocalycium violaceum

Allgemeines: *Acanthocalycium*-Arten wachsen in Nord-Argentinien auf Höhen bis 1000 m. Der Pflanzenkörper ist kurzzylindrisch mit dicht bestachelten Rippen und kann bis 20 cm hoch werden. Er trägt ab Mai/Juni große trichterförmige, weiße, gelbe oder rötliche Blüten in Scheitelnähe, die mehrere Tage offen bleiben.

Pflege: Leicht. Die Pflanzen brauchen einen sonnigen bis halbschattigen, nicht zu heißen Standort und nährstoffreiches, leicht saures Substrat. Im Sommer nicht zu naß halten. Trockene Überwinterung bei 8-10° C. Vermehrung durch Samen.

Arten: *A. glaucum*, blaugrün mit schwarzen Stacheln, 6 cm große gelbe Blüten.

A. violaceum, matt-hellgrün mit bis 3 cm langen geraden gelblichen Stacheln. Viele blaßfliederfarbene Blüten, die bis 7,5 cm lang werden.

Acanthocalycium wird auch zu Lobivia, bzw. Echinopsis gestellt.

Acanthorhipsalis

Acanthorhipsalis monacantha

Allgemeines: Diese Gattung wird heute bei *Rhipsalis* geführt. Sie umfaßt epiphytisch wachsende, stark verzweigte, meist hängende Pflanzen, die in Peru, Bolivien und Argentinien vorkommen. Im Gegensatz zu *Rhipsalis* besitzen sie deutlich bestachelte Areolen. Die Blüten sind klein, weiß, orange oder rot.

Pflege: Ein absonniger, warmer, stets mäßig feuchter, luftiger Standort ohne Wurzeltrockenheit im Sommer und eine Temperatur über 12°C im Winter sagt diesen Pflanzen am besten zu, ebenso häufiges Nebeln, ein saures, torfhaltiges, durchlässiges Substrat mit Perlite-Anteil und schwach dosiertes, stickstoffbetontes Nachdüngen.

Arten: *A. crenata*, buschig mit rundlich ausgebuchteten Trieben und roten Blüten.

A. incahuasina und *A. micrantha* mit purpurnen Blüten, *A. monacantha* mit orangefarbenen Blüten, *A. paranganiensis* mit cremeweißen Blüten.

Ancistrocactus

Ancistrocactus scheeri

Allgemeines: Die Heimat dieser Gattung ist Mexiko und Texas. An kugeligen Körpern mit stark höckerigen Rippen sitzen lange, unterschiedlich gefärbte Stacheln. Die Mittelstacheln sind immer hakig, die Blüten klein und cremefarben, grünlich, rosa oder zitronengelb, die Samen schwarzbräunlich.

Pflege: Schwierig. Sonniger heller Standort, lockeres, mit Sand vermischtes Substrat. Nicht zu feucht halten. Unbedingt pfropfen.

Arten: *A. brevihamatus* bis 10 cm hoch, weiße Rand-, schwarze Mittelstacheln, Blüte rosa.

A. megarhizus spiralige Rippen, Blüten grünlichgelb.

A. scheeri kugeliger oder keuliger Körper, Randstacheln weiß bis gelb, Mittelstacheln schwarzbraun-weiß gefleckt, Blüte grünlich bis bräunlich.

A. tobuschii, der Pflanzenkörper sitzt zum Teil in der Erde, graugrün. Randstacheln weiß, Mittelstacheln gelb, Blüten weißlich bis zitronengelb.

Aporocactus

Aporocactus flagelliformis

Allgemeines: Diese Kakteen eignen sich wegen ihres Wuchses besonders gut als Hängepflanzen. Sie stammen aus Mexiko, leben dort meist epiphytisch und bilden Luftwurzeln. Der Gattungsname leitet sich aus dem Griechischen *aporos* = verworren und aus *kaktos* = Stachelpflanze ab.

Pflege: Leicht. Auch Anfänger haben mit diesen robusten Kakteen Glück. Aporokakteen möchten einen hellen bis sonnigen Standort, im Sommer an einem geschützten Platz auch draußen in voller Sonne. Das Substrat sollte nährstoffreich und leicht sauer sein, das Gießwasser weich oder enthärtet. Im Sommer häufig gießen, im Winter nur feucht halten. Staunässe wird nicht vertragen! Je älter die Pflanzen werden, desto reichlicher muß gedüngt werden. Überwintert wird hell und nicht zu kühl. Vermehrung durch Stecklinge, ältere Pflanzen vertragen das Umtopfen schlecht.

Arten: *A. flagelliformis,* der bekannte Peitschen-, Schlangen- oder Rattenschwanzkaktus ist eine typische Bauernstubenpflanze. In jedem Dorf, vor allem in Südwestdeutschland, im Elsaß und in der Schweiz sieht man ihn in den Fenstern der Bauernhäuser und im Sommer draußen zwischen Oleander, Zitronenbaum, Engelstrompete und anderen wärme- und sonnenliebenden Kübelpflanzen.

Aporocactus flagelliformis bildet viele rundliche, verzweigte dünne Triebe mit einem Durchmesser bis 2 cm, die über 1 m lang werden können. Die Rippen sind nur schwach ausgebildet, die Areolen stehen dicht und haben 8-12 rotbraune Rand- und 3-4 Mittelstacheln mit gelber Spitze. Die roten bis rotvioletten Blüten, die bei der Hybride x *Helioporus smithii* besonders groß sind, erscheinen zahlreich im Frühsommer und sind bis 8 cm lang.

A. conzattii wächst hängend oder kriechend und bildet wenig Luftwurzeln. Die Triebe sind etwa 2 cm dick, mit 8-10 niedrigen, gehöckerten Rippen ausgestattet und mit 15-20 dünnen, hellbraunen Stacheln besetzt. Die ziegelroten Blüten werden etwa 9 cm lang.

A. flagriformis hat Triebe mit 11 Rippen und roten Mittelstacheln an Neutrieben sowie dunkelviolette, bis 10 cm lange Blüten.

A. martianus ist mit 18 mm starken Trieben ausgestattet. Die ca. 8 Rippen tragen Areolen mit 6-8 borstigen Stacheln. Die tiefrosa Blüten werden 10 cm lang. Es empfiehlt sich, diese kräftig wachsende Art an einem Spalier aufzubinden.

Lange Zeit war Aporocactus flagelliformis eine der verbreitetsten Kakteen, was angesichts der prächtigen, bis zu vier Tage haltenden Blüten nicht wundert. Heute sind fast nur mehr Bastarde in Kultur.

Ohne Blüten wäre Ariocarpus fissuratus vom steinigen Untergrund kaum zu unterscheiden, wie die kleine Pflanze rechts beweist.

Astrophytum ornatum, das mit weißen Flocken geschmückte Astrophytum, hat die typisch hohen, kantigen Rippen, aber im Gegensatz zur eigentlichen Bischofsmütze aufgesetzte Stachelbüschel.

Ariocarpus fissuratus

Wollfruchtkaktus

Ariocarpus fissuratus

Allgemeines: Diese Kakteen passen sich im blütenlosen Zustand ihrer Umgebung weitgehend an. Sie sind graugrün wie die Steine ihrer Heimat Texas und Mexiko. Statt Rippen haben sie spiralig stehende Warzenhöcker. Die Pflanzen wachsen sehr langsam und werden nur 10 bis 15 cm breit.
Pflege: Die Kakteen möchten sehr warm und vollsonnig stehen. Sie sind feuchtigkeitsempfindlich, werden nur mäßig gegossen und im Winter absolut trocken gestellt. Das Substrat muß mager, mineralisch und sehr durchlässig sein. Vermehrt wird aus Samen, zu empfehlen ist Pfropfen der Sämlinge auf *Pereskiopsis spathulata*.
Arten: *A. fissuratus* flacher, rosettenartiger Pflanzenkörper mit zerklüfteten Areolen und weißen bis purpurroten großen Blüten.

Ariocarpus-Arten findet man auch unter der Bezeichnung Roseocactus oder Neogomesia.

Extra-Tip
Wußten sie, daß im 19. Jahrhundert der russische Fürst Kotschoubey für ein *Ariocarpus*-Exemplar dessen achtfaches Gewicht in Gold bezahlt hat? Seitdem heißt dieser »Goldkaktus« *A. kotschoubeyanus*.

Astrophytum

Astrophytum ornatum

Allgemeines: Leider sind die vielgestaltigen und schönen Astrophyten in ihrer Heimat Texas und Mexiko schon fast ausgerottet. Am natürlichen Standort werden sie bis 150 cm hoch, in Kultur bleiben sie wesentlich kleiner.
Pflege: Standort je nach Art sonnig oder halbschattig, immer warm. Substrat schwach sauer, humos,leicht gipshaltig, gemischt mit Lehm und Bimskies. Sparsam gießen, bei 8-10°C trocken überwintern. Sämlinge nur wenn unbedingt nötig pikieren, sie sind sehr wurzelempfindlich. Auch wurzelecht blühen die Arten ab Faustgröße. Pfropfen ist also nicht notwendig.
Arten: *A. asterias*, der Seeigelkaktus. Er hat einen flachkugeligen, graugrünen symmetrischen Körper ohne Stacheln mit 7-8 breiten Rippen und großen weißfilzigen Areolen. Der Scheitel ist leicht wollig. Die 3 cm langen, bis 5 cm breiten Blüten öffnen sich in der Sonne weit. Sie sind innen zitronengelb, im Schlund rötlich und außen glänzend strohfarbig.
A. capricorne, Bockshornkaktus oder Ziegenhörnige Bi-

schofsmütze. Die langen, wirr verflochtenen Stacheln werden bis zu 10 cm lang und hüllen den kugelförmigen Pflanzenkörper ganz ein. Die hell- bis zitronengelben, glänzenden Blüten sind besonders groß und am Grund karminrot gefärbt.

A. myriostigma, die berühmte Bischofsmütze, hat einen kugeligen bis länglich gestreckten Körper mit eingesenktem Scheitel ohne Stachel. Der Körper hat 5 (manchmal nur 3-4, öfter auch 6-8) scharfkantige Rippen. Die Oberfläche ist mit weißen Haarflöckchen bestäubt. Die bis zu 6 cm großen gelben Blüten glänzen seidig.

Bei *A. myriostigma var. nudum* fehlen die Flöckchen, der Körper ist rein grün. Die Art muß im Halbschatten stehen, weil sie sich ohne diesen »Sonnenschutz« rötlich verfärbt.

A. ornatum ist in der Jugend kugelig, wird im Alter säulig. Die 8 Rippen sind hübsch in bogigen Streifen mit weißen Flöckchen besetzt. Sie tragen lange gerade, gelblich- bis dunkelbraune Stacheln. Die hellgelben Blüten werden bis zu 9 cm breit.

Aztekium ritteri

Aztekium ritteri

Allgemeines: Die Pflanze, von der es nur eine Art gibt, stammt aus Nordmexiko und bildet Gruppen. Der einzelne Pflanzenkörper ist flachrund, ca. 3 cm hoch und 5 cm im Durchmesser. Er wächst ausgesprochen langsam. Die Hauptrippen sind auffallend eng quergefaltet, dazwischen liegen schmälere Nebenrippen. Der Kaktus hat nur wenige kurze, gewundene oder gekrümmte Stacheln. Die Blüten sind zierlich und rosaweiß, die Früchte beerenartig und rötlich. Es gibt eine Form mit etwas größeren langstieligen Blüten.

Pflege: Schwierig. Im Sommer will die Pflanze warm und sonnig stehen, dann muß sie auch reichlich gegossen werden. Im Winter hält man sie vollkommen trocken. Als Substrat wird zerriebener Schiefer und Sand mit viel Ziegelsplitt und Perlite gegeben – so vermeidet man Staunässe. Pfropfen ist bei dieser langsam wachsenden Pflanze angezeigt.

Blossfeldia

Blossfeldia liliputana

Allgemeines: Diese polsterbildenden winzigen Mimesekakteen stammen aus Argentinien und Bolivien. Sie wachsen zwischen Felsbrocken in Steilwänden und sind in Farbe und Aussehen kaum von einem Stein zu unterscheiden. Die einzelne Pflanze hat einen Durchmesser von höchstens 1,6 cm und ist flach. Bei starker Trockenheit schrumpft sie zu millimeterdünnen Scheibchen, die bei Regen wieder aufquellen. Die Minikakteen haben spiralig angeordnete Areolen. Die Blüten erscheinen im Sommer aus dem Scheitel.

Pflege: Schwierig. Blossfeldien sind nur unter Glas zu halten. Solange die Pflanzenkörper prall sind, kaum gießen. Die Erde sollte lehmhaltig und leicht sauer sein. Die Vermehrung durch Samen ist schwierig, bei Pfropfung entartet die Pflanze.

Arten: *B. liliputana*, *B. atroviridis*, *B. minima* blühen weißlich schon ab 10 mm Größe.

Dicht an den Untergrund duckt sich der gedrungene Körper von Aztekium ritteri. Auffallend sind die gefalteten Hauptrippen und die dazwischenstehenden Nebenrippen.

Blossfeldia liliputana, die »Winzige«, zeigt im Miniformat die ganze Schönheit eines blühenden Kakteenpolsters. Deutlich sieht man auch die spiralige Anordnung der Areolenpölsterchen.

Extra-Tip

Blossfeldien sind nur selten über den Handel zu beschaffen. Am leichtesten findet man noch *B. liliputana* und *B. minima*. Wem es gelingt, eine andere Art wurzelecht zu ziehen, kann stolz sein, eine echte Rarität in seiner Sammlung zu besitzen.

Borzicactus

Borzicactus morleyanus besitzt schlanke aufrechte oder niedergebogene Triebe und karminrote, bis 7,5 cm lange Blüten mit purpurroten Staubfäden.

Borzicactus morleyanus

Allgemeines: Diese prächtigen Säulencereen aus Mittel- und Südekuador können bis zu 1,50 m hoch werden. Sie wachsen meist aufrecht, manchmal auch niederliegend. Die Säulen haben quergekerbte Rippen, die an den Areolen etwas verdickt sind. Farbige Stacheln machen diese Kakteen interessant. Die schrägsaumigen roten Tagblüten mit enger Röhre können bis 8 cm lang werden. Sie erscheinen im Sommer.

Pflege: Relativ leicht. Borzikakteen müssen unter Glas gehalten werden, die Pflanzen möchten es warm und sonnig. Gegossen wird reichlich mit entkalktem Wasser. Im Winter bei Temperaturen über 10°C trocken halten.

Arten: *B. humboldtii*, Stacheln braun, Blüten karminrot.

B. icosagonus, Bestachelung gelb, Blüten orange.

B roezlii, Borstenschopf, Blüten dunkelkarminrot.

B. morleyanus, Stacheln weißlich, Blüten rot.

Borzicactus-Arten findet man auch unter Seticereus

Browningia

Für Browningia hertlingiana ist das Synonym Azureocereus hertlingianus, was das Aussehen anlangt, treffender. Die leuchtend azurblauen Körper mit den kräftigen, roten Stacheln sind ein Blickfang in jeder Sammlung.

Browningia hertlingiana

Allgemeines: In ihrer Heimat Südperu und Nordchile sind die *Browningia*-Arten baumartige Cereen, die bis zu 5 m hoch werden. Die weißen Blüten öffnen sich bei Nacht. In Kultur werden Browningien praktisch nur im Jungpflanzenstadium gehalten.

Pflege: Die Pflanzen sind recht robust und lieben einen sonnigen bis halbschattigen Standort. Das Substrat sollte leicht sauer sein, zu Kakteenerde wird etwas Lehm gemischt. Im Sommer mäßig wässern. Staunässe vermeiden. Empfindlich bei Überwinterungstemperaturen unter 12 °C.

Arten: Besonders beliebt ist *B. hertlingiana* mit leuchtendblauen Trieben, und höckerartigen Verdickungen an den Areolen. Im Jugendstadium vier 8 cm lange gelbe Randstacheln mit braunen Spitzen.

Browningia hertlingiana ist auch unter dem Namen Azureocereus hertlingianus bekannt.

Carnegia gigantea

Saguaro-Kaktus

Carnegia gigantea

Carnegia gigantea

Carnegia gigantea, so wie sie im Jugendstadium aussieht! Der Liebhaber schätzt sie wegen der kräftigen, dichten Bestachelung.

Carnegia gigantea am heimatlichen Standort; so kennt sie jeder Westernfan. Die baumartigen Riesenkakteen leben jahrzehntelang und blühen auch erst in hohem Alter.

Allgemeines: Die bis 15 m hoch wachsenden Kakteen sind das Wahrzeichen von Arizona – wir kennen sie aus vielen Western-Filmen. Die säulenartigen Stämme verzweigen sich in 2-3 m Höhe kandelaberförmig – die Pflanzen können regelrechte »Wälder« bilden. Die wenigen Triebe haben einen Durchmesser von 30-65 cm, sie wachsen senkrecht nach oben und haben 12-24 Rippen. Die braunen Areolen sind dicht mit gelblichen Dornen bestückt, die Mittelstacheln werden bis zu 7 cm lang. Die typischen Fledermausblüten sind weiß, sitzen in Scheitelhöhe und bleiben Tag und Nacht offen. Die Früchte werden 9 cm lang und sind in reifem Zustand rot und eßbar. Große Exemplare von *Carnegia gigantea* speichern bis zu 3 000 Liter Wasser und können längere Zeit ohne Niederschläge überleben. Die flachen Wurzeln entwickeln eine Gesamtlänge von bis zu 100 Kilometern. Am heimischen Standort ist *C. gigantea* eine vielseitige Nutzpflanze. Der Holzkörper dient als Baumaterial, Früchte und Samen sind Nahrungsmittel, aus der saftigen Pulpa wird ein Getränk gewonnen.

Pflege: Eher schwierig. In Kultur ist der sehr langsam wachsende Kaktus (1 m in 30 Jahren) nicht sehr dankbar – er bildet keine Blüte. Die Pflanze will hell, sonnig und warm stehen, im Winter kühl und sonnig. Das Substrat sollte durchlässig, nährstoffreich und leicht sauer sein. Vermehrung durch Samen.

Extra-Tip

Der Saguaro-Kaktus ist streng geschützt. Südlich von Phönix/Arizona ist für diese Art ein eigenes Schutzgebiet, der Saguaro-Park eingerichtet worden.

Cephalocereus senilis

Greisenhaupt

Cephalocereus senilis, das Greisenhaupt mit den langen, zotteligen Haarborsten wird wegen seines kuriosen Aussehens kultiviert; zur Blüte kommt er nur am natürlichen Standort.

Ein typischer Felsenkaktus ist Cereus peruvianus var. monstrosus. Die bizarr geformten Pflanzen erreichen auch in Kultur eine beachtliche Größe und eignen sich zur Einzelaufstellung ebenso wie für Schalenbepflanzung.

Cephalocereus senilis

Allgemeines: Cephalocereen werden in ihrer Heimat Mexiko bis zu 15 m hoch. Sie sehen im Jugendstadium ganz anders aus als im Alter. Das bei uns bekannte Greisenhaupt, *Cephalocereus senilis,* stellt so eine Jugendform dar: Ein dichter Mantel von langen weißen Borstenhaaaren hüllt den Pflanzenkörper ein. Auf 20-30 flachen Rippen stehen die Areolen dicht beisammen, daraus kommen 3-5 Stacheln und bis zu 12 cm lange Haare, die sich verflechten. In Kultur kommen die Pflanzen sehr selten zum Blühen.

Pflege: Schwierig – nur unter Glas. Brauchen volles Licht und hohe Luftfeuchtigkeit, im Winter Temperaturen über 15°C. Bei Kühle sehr empfindlich gegen Bodenfeuchtigkeit. Vermehrung aus Samen.

Die Gattung Cephalocereus ist umstritten. Sicher gehört die Gattung Haseltonia mit H. columna-trajani (syn. C. hoppenstedtii) hierher. Ob das auch für andere Säulencereen wie Pilocereus, Pilosocereus, Neobuxbaumia und andere gilt, ist noch nicht geklärt.

Cereus

Cereus peruvianus var. monstrosus

Allgemeines: Die überwiegend baum- und strauchartigen Säulenkakteen sind recht attraktiv, werden aber bei uns lange nicht so groß, wie in ihrer südamerikanischen Heimat. Sie wachsen schnell und freudig – sind aber für Sammlungen bald zu groß – haben weitverzweigte Kronen und von Juni-September sich nachts öffnende weiße Blüten. Einige *Cereus*-Arten sind gute Pfropfunterlagen.

Pflege: Leicht. Alle *Cereus*-Arten brauchen im Sommer einen sonnigen, warmen Standort. Werden sie im Winter ganz trocken gestellt, vertragen sie sogar etwas Frost. In Mittelmeerländern sieht man sie öfter ins Freie ausgepflanzt, sie überwintern hier problemlos. Die Pflanzen sind recht anspruchslos. Sie wollen ein lehm- und humushaltiges, leicht saures, durchlässiges Substrat und müssen reichlich gedüngt und gegossen werden. Monströse Formen sind anfällig für Schmier-, Woll- und Schildläuse. Vermehrung durch Samen oder Stecklinge, die sich leicht bewurzeln.

Arten: *C. jamacaru*. Wächst in seiner Heimat Brasilien bis 10 m hoch, mit kurzem Stamm und verzweigter Krone. Die Neutriebe sind hell- bis blaugrün. Scheitel und Areolen gelbbraun-filzig, die Stacheln gelblich bis bräunlich und kräftig. Die reinweißen, bis 25 cm langen Blüten öffnen sich nachts. In jüngster Zeit gibt es von dem monströsen Felsenkaktus, *C. jamacaru* var. *monstrosus* auch Zwergformen.
C. peruvianus und seine Wachstumsanomalie var. *monstrosus*, ebenfalls ein Felsenkaktus, hat eine dichtere Bestachelung als *C. jamacaru*, die Stacheln sind braunrot. Die Rippen sind flach, bei der monströsen Form oft stark durchbrochen. Diese Art verträgt keinen Kalk.
C. forbesii ist eine attraktive Art mit graugrünen Trieben, weißfilzigen Areolen und hornfarbenen Stacheln.
Alle genannten Arten, auch die Felsenkakteen, sind Anfängerpflanzen, robust und pflegeleicht und viel verwendete Pfropfunterlagen.

Chamaecereus silvestrii

Zwergsäulenkaktus

Chamaecereus silvestrii

Chamaecereus 'Fire Chief'

Allgemeines: Diese beliebte, anspruchslose und stark hybridisierte Kakteenart ist in Südamerika beheimatet. Wer sie einmal an ihrem Heimatstandort in den Anden Argentiniens zwischen Salta und Tucaman in voller Blüte gesehen hat, möchte sie unbedingt kultivieren. In kleinen dichten Gruppen wachsen weichfleischige, fingerförmige, hellgrüne Triebe, die leicht abbrechen, sich aber schnell wieder bewurzeln. In voller Sonne färben sie sich rot. Die Triebe haben 6-9 Rippen mit dicht stehenden Areolen und sehr kurzen, weichen, weißen Stacheln. Die leuchtend roten Blüten werden 4 cm lang und sind bei Tag weit geöffnet.
Pflege: Leicht. Voraussetzung für eine üppige Blüte im April/Mai ist eine trockene Überwinterung der Pflanze bei etwas über 0°C im Frühbeet oder Glashaus ohne Heizung. Bei entsprechender Abhärtung kann man Hybriden dieser Kakteenart u. U. draußen überwintern. Es gibt Kakteenliebhaber, die sie in einem Steingarten frei ausgepflanzt halten. Das Substrat sollte leicht sauer, humos und mit Ziegelsplitt und Perlite durchsetzt sein. Im Sommer muß reichlich gedüngt und regelmäßig gegossen werden. Anfällig ist der Zwergsäulenkaktus bei schlechter Lüftung und zu trocken-warmer Luft für Spinnmilben. Die Vermehrung mit den leicht abbrechenden Trieben gelingt problemlos.
Arten: Von *Chamaecereus silvestrii* gibt es zahlreiche Kreuzungen mit *Lobivia*, vor allem mit *Lobivia famatimensis*. Diese Hybriden haben festere, kräftigere Glieder, die sich nicht so leicht lösen. Sie bringen eine ganze Palette von attraktiven Blütenfarben hervor: von Gelb über Orange und alle Rotschattierungen bis Violett.

Chamaecereus silvestrii mit leuchtendroten Blüten hat einen Nachteil: Die reich sprossenden Triebe brechen sehr leicht ab. Es lag also nahe, durch Züchtung und Kreuzung hier Abhilfe zu suchen.

Chamaecereus 'Fire Chief' ist eine solche Züchtung, ein wahres Blühwunder! Die kompakten, kürzeren, zu dichten Gruppen gedrängten Triebe werden durch Dutzende von Blüten fast ganz verdeckt.

Extra-Tip

Die schönste Bestachelung entwickelt der Zwergsäulenkaktus, wenn man ihn in der warmen Jahreszeit an einen hellen Platz im Freien stellt.

Cleistocactus

Deutlich ist die leichte Behaarung der dicht- und feinschuppigen Cleistocactus-Früchte zu erkennen. An der Zahl der Früchte ist zu sehen, daß die Pflanzen reich blühen.

Im Grundbeet des Sukkulentenhauses im Frankfurter Palmengarten wachsen Cleistocacteen frei ausgepflanzt: Der silbrigweiß bestachelte Cleistocactus straussii, der »Silberkerzenkaktus«, und der gelblich bestachelte Cleistocactus baumannii.

Cleistocactus smaragdiflorus

Cleistocacteen im Sukkulentenhaus des Frankfurter Palmengartens

Allgemeines: Alle Arten sind außerordentlich beliebt, weil sie abwechslungsreich aussehen, sehr farbig und attraktiv bedornt sind und auffallend und reich blühen. Die Heimat der Gattung ist Südamerika von Argentinien bis Peru.
Cleistokakteen bilden nicht sehr hohe Sträucher mit dünnen, vielrippigen Trieben. Die Areolen sind durch Querrippen getrennt. Die Stacheln der meisten Arten sind so fein wie Haare, nur einige Arten haben kräftige, längere Stacheln und blühen üppig vom zeitigen Frühjahr bis zum Sommer in Weiß, Gelb, Rot, Orange, Karminrot, ja sogar in Grün. Die leicht behaarten Blüten stehen wie Finger in Reihen von der Pflanze ab.

Pflege: Leicht. Alle Cleistocacteen sind recht anspruchslos. Sie möchten sonnig, warm, bodenfeucht und bei relativ hoher Luftfeuchtigkeit stehen – am liebsten frei ausgepflanzt oder mit sommerlichem Freiluftquartier von Juni bis Mitte September. Während der Wachstumszeit muß deshalb regelmäßig am Abend gesprüht werden. Im Winter bei 10°C und nie ganz trocken halten. Das Substrat sollte sehr nährstoffreich und durchlässig sein. Die Vermehrung aus Samen ist problemlos, auch Stecklinge bewurzeln sich leicht.

Arten: Über 20 Arten der Gattung sind bekannt. Die schönsten: *C. baumannii* mit sattgrünen Trieben bis 2 m hoch, 14-16 Rippen und langen Stacheln mit heller Spitze Die S-förmigen Blüten sind leuchtend rot.
C. smaragdiflorus mit kleinen, teils liegenden, dicken Trieben, die schon ab 25 cm Länge blühen. Die Blüten sind rot mit smaragdgrünem Saum, die Früchte attraktiv und hellrot.
C. straussii (Silberkerze) ist eine der schönsten Arten. Sie wächst aufrecht verzweigt und blüht ab etwa 1 m Höhe. Die schlanken, säuligen Triebe tragen lange, haarfeine, weiße Borstenstacheln mit hellgelben Mittelstacheln. Die bis 9 cm langen Blüten sind weinrot.

Copiapoa

Copiapoa cinerea

Allgemeines: Die Kugelkakteen dieser Gattung leben in den Küstenwüsten Nord- und Mittelchiles.Sie wachsen dort nahe der Küste auf felsig-steinigen Terrassen und sind extremer Sonne und austrocknenden Winden ausgesetzt. Um das dortige extreme Klima zu überstehen, haben sie zum Teil Überzüge aus dicken, weißlichen Wachsschichten gebildet, die ihnen das typische mehlig- oder kreidigweiße Aussehen verleihen. Zur Gattung *Copiapoa* gehören kugelige Arten, die auch Polster bilden und solche, die im Alter säulenförmig wachsen, sich an der Basis klumpig verzweigen und erst als große Exemplare blühen. Die Pflanzenkörper sind grün, grau, bräunlich, mehlig-weiß, die Stacheln weiß, braun oder schwarz gefärbt. Die großen gelben, bei einigen Arten duftenden Blüten öffnen sich nur tags.

Pflege: Relativ schwierig. Der Standort muß sehr warm, vollsonnig und hell sein. Man hält sie am besten unter Glas. Im Frühjahr und Spätsommer ist der Wasserbedarf groß - dazwischen liegen Trocken-Ruhezeiten. Im Winter dagegen hält man die Pflanzen absolut trocken und bei Temperaturen nicht unter 8°C. Copiapoen wachsen in mineralischem , durchlässigem Substrat, das man am besten mit Kies vermischt. Die Wurzeln brauchen viel Platz - für ausreichend große Pflanzgefäße sorgen! Vermehrung aus Samen. Daraus entstehende Pflanzen sind übrigens viel leichter zu pflegen als gekaufte. Durch Pfropfung wird die Kultur noch sicherer.

Arten: *C. cinerea* mit kugeligem, später kurzsäulig wachsendem, kreidigweißem Körper, meist schwarzen Stacheln und gelben Blüten. Diese Art hat viele Varietäten.
C. grandiflora, mit bräunlichschwarzen bis grauen Stacheln und innen blaßgelben, außen roten Blüten.
C. haseltoniana mit unbereiften Körper und braunwolligem Scheitel.
C. humilis ist sehr klein mit 2 cm großen gelben Blüten.
C. krainziana ist die schönste Art. Der Körper ist graugrün, die langen Borstenstacheln sind weißlich.
C. lembecki besitzt einen weißlich-graugrünen Körper. die Areolen sind grauschwarz, die Stacheln schwärzlich, später vergrauend.
C. montana mit breitrundem, graugrünem Körper, stark sprossend, bis 20 cm hoch. 10-17 Rippen, die um die braunweißen Areolen herum höckerig verdickt sind. Stacheln braunrot bis schwarz, Blüten groß, 4 cm lang, cremegelb und duftend.

Corryocactus

mit Erdisia

Corryocactus

Allgemeines: Diese Art hat von allen Kakteen mit die längsten Stacheln, bis 20 cm lang. Die Pflanzen verzweigen sich an der Basis, die starken Triebe wachsen, je nach Art, aufrecht kriechend. Die Rippen sind um die Areolen herum stark geschwollen bis gehöckert. Die meisten Arten werden in ihrer südamerikanischen Heimat bis 2 m, *Erdisia* bis 3 m hoch. Die großen Blüten variieren farblich von Gelb über Orange bis Purpurrot.

Pflege: Leicht. Corryokakteen brauchen einen warmen Standort unter Glas. Das Substrat muß sandig, sehr nährstoffreich und leicht sauer sein. Im Sommer wird viel gesprüht und regelmäßig gegossen, Staunässe ist tödlich! Sowohl *Corryocactus* wie *Erdisia* sind gepfropft gute Anfänger-Kakteen.

Arten: Schöne Blüher sind: *C. aureispina*, hellrot. *C. ayopayanus*, orange. *C. charazanensis*, lachsrosa. *C. krausii*, gelb. *C. melanotrichus*, purpurrot. *C. perezianus*, rosa. *C. pulquinensis*, rotorange.

Copiapoa cinerea heißt übersetzt die »aschgraue Copiapoa«, womit die Körperfarbe trefflich angegeben ist. Im Alter wird die Pflanze säulig.

Auch an relativ jungen und kleinen Exemplaren von Corryocactus läßt sich die Gefährlichkeit der langen Stacheln dieser Gattung schon erahnen.

Extra-Tip

So schön *Corryocactus* in seiner Heimat ist – in Kultur kann man, selbst unter Glas, nur Vorstadien seiner wirklichen Schönheit erahnen.

Die verhältnismäßig großen Blüten von Coryphantha vivipara entstehen, wie bei allen Arten der Gattung zentral. Die ebenso typische, durchgehende Furche der Warzen ist leider nicht zu erkennen.

Denmoza erythrocephala, was soviel heißt wie »die rotköpfige Denmoza«, verdankt diesen Namen den fuchsroten Stacheln, die zwischen den Haaren allerdings wenig auffallen.

Discocactus horstii zeigt den typischen Habitus dieser flachkugeligen Gattung. Die Pflanze wird nur 2 cm hoch. Das ebenso flachbleibende Cephalium ist von den aus ihm kommenden Blüten verdeckt.

Coryphantha

Coryphantha vivipara

Allgemeines: Diese artenreiche Gattung hat im Verhältnis zur Körpergröße sehr große Blüten und Arten speziell für den fortgeschrittenen Sammler, aber auch solche für Anfänger.

Pflege: Die wüstenbewohnenden Arten sind empfindlich. Man gibt ein nährsalzreiches, gipshaltiges und humusfreies Substrat und gießt im Sommer nur sehr zurückhaltend. Die dickfleischigen »Grasland-Arten« akzeptieren auch weniger durchlässiges Substrat mit schwach saurer Reaktion, mehr Gießwasser, viel Sonne und Frischluft im Sommer. Trocken, hell und kühl überwintern. Anzucht aus Samen möglich, häufig muß später gepfropft werden.

Arten: *C. vivipara, C. columnaris,* Blüten tiefpurpurrosa.
C. cornifera (syn. *C. radians*), zitronengelb.
C. andreae, C. clava, C. compacta, gelb.
C. elephantidens, C. ramillosa, rosafarben.
C. obscura,orange.
C. ottonis, weiß.

Denmoza

Denmoza erythrocephala

Allgemeines: Die bei Kakteen-Liebhabern bekannte Art *D. erythrocephala* aus dem Nordwesten Argentiniens wächst erst kugelig, mit zunehmendem Alter säulig. Der Pflanzenkörper ist dicht mit fuchsroten Stacheln besetzt, später gemischt mit weißen Borstenhaaren. Die roten Blüten sind bis 7 cm lang, haben extrem kurze Kronblätter und öffnen sich kaum.

Pflege: Relativ einfach. Im Sommer möchten die Pflanzen sehr warm und sonnig stehen und reichlich gegossen werden. Überwinterung kalt und fast trocken. Substrat locker und rein mineralisch. Vermehrung durch Samen.

Arten: Neben *D. erythrocephala* und *D. rhodantha* ist eine Hybride *x Cleistocactus strausii* recht ansprechend.

Discocactus

Discocactus horstii

Allgemeines: Raritäten für Sammler sind die Kugelkakteen dieser Gattung aus Südamerika. Die Pflanzenkörper sind breitrund, blühen aus echten Scheitelcephalien und beenden dann das vegetative Wachstum. Die großen Blüten sind weißlich, trichterförmig und intensiv duftend, sie öffnen sich nachts.

Pflege: Schwierig. Standort luftig und warm, Überwinterung absolut trocken, hell bei 12-15°C. Substrat durchlässig, mineralisch mit Zusatz von Quarzsand. Gießen nur mit kalkfreiem, leicht saurem Wasser, Staunässe ist für diese Arten tödlich und Pfropfung empfehlenswert.

Arten: *D. horstii*, graugrün, sehr klein, krallenförmige Stacheln, reinweiße Blüte.
D. hartmannii dunkelgrüner Körper, weiße Blüte, nach Maiglöckchen duftend.

Dolichothele

Dolichothele longimamma

Allgemeines: Die Vertreter der Gattung *Dolichothele* sind von Texas bis Mexiko zuhause. Sie haben alle ungewöhnlich lange weiche Warzen und relativ weiche Stacheln. Man unterscheidet groß- und kleinblütige Arten, die alle verläßlich, lange und herrlich blühen.
Pflege: Leicht. Selbst Anfänger haben mit dieser Gattung Erfolg, die einen halbschattigen, warmen, mäßig feuchten Standort wünscht. Überwinterung trocken und kühl (nicht unter 5°C). Das Substrat sollte humos, leicht sauer, nährstoffreich, durchlässig und lehmhaltig sein. Gegossen wird eher wenig. Da die Pflanzen stark sprossen, ist die Vermehrung durch Teilung am einfachsten. Möglich ist auch Vermehrung aus Samen.

Arten: *D. baumii* mit bis 1 cm langen Warzen, feinen Stacheln, großen, gelben, stark duftenden Blüten.
D. camptotricha ist kleinblütig, die Kronblätter kommen weiß.
D. longimamma hat einzelne oder sprossende Körper mit 3-7 cm langen Warzen und gelbe Blüten mit bis 6 cm Durchmesser.
D. surculosa sproßt sehr reich und bildet Rasen. Die Blüten sind klein, trichterförmig und interessant gefärbt: Die Kelchblätter chromgelb mit rosa Rückenstreifen, die Kronblätter schwefelgelb mit roter Spitze und orangefarbenen Rückenstreifen.

Diese Gattung wird manchmal auch zu Mammillaria gestellt.

Echinocactus

Kugelkaktus, Igelkaktus

Echinocactus ingens

Allgemeines: Die zum Teil sehr groß werdenden kugeligen oder kurzzylindrischen Kakteen aus den südlichen Staaten der USA bis Mexiko haben derbe, dichtstehende Dornen und gelbe (nur bei *E. horizonthalonius* rosafarbene) Blüten im Alter und selten in Kultur.
Pflege: Schwierig sind *E. horizonthalonius, E. polycephalus* u.a. Leicht dagegen zum Beispiel *E. grusonii*. Standort vollsonnig, sehr warm und luftig (im Sommer im Freien). Regelmäßig gießen und düngen. Überwinterung trocken und nicht unter 10°C. Substrat sehr durchlässig, sandig, lehmig-humos. Vermehrung durch Samen.
Arten: *E. grusonii*, der Goldkugelkaktus oder »Schwiegermutterstuhl« mit goldgelben dichten Dornen ist weit verbreitet. Für Anfänger weniger empfehlenswert sind *E. ingens* und *E. platyacanthus* var. *grandis* sowie die hierher gestellte *Homalocephala texensis*, auch Teufelshauptkaktus genannt.

Die gewiß hübschen, angenehm duftenden Blüten von Dolichothele longimamma verbergen die außergewöhnliche Gestalt dieser Pflanze mit den langen, zitzenförmigen, weichen Warzen und langen Stacheln.

Echinocactus ingens ist nicht so bekannt wie sein Bruder, der berühmte Schwiegermutterstuhl Echinocactus grusonii, sieht ihm aber doch recht ähnlich.

Extra-Tip
Echinocactus grusonii ist in seiner Heimat fast ausgerottet und wurde deshalb unter Schutz gestellt. Der attraktive Kaktus mit den später weißlichgelben Dornen und dem leuchtend gelbwolligen Scheitel kann auch in Kultur zu einer Riesenkugel heranwachsen, wenn man ihn frei ins Grundbeet eines sonnigen Gewächshauses pflanzt.

Echinocereus

Igelsäulenkaktus, Zwergsäulenkaktus

Die lachsfarbenen, langröhrigen Blüten von Echinocereus salm-dyckianus kommen seitlich auf den oft liegenden Trieben mit nur 7-9 schwachgebuchteten Rippen.

Gelbe Blüten, wie sie Echinocereus subinermis, die »fast Unbewehrte« hat, sind bei Echinocereen eher die Ausnahmen. »Unbewehrt« heißt die Art, weil die Stacheln recht spärlich und klein sind.

Bei Echinocereus pentalophus kontrastieren die großen, breiten Blüten mit dem hellen Schlund besonders schön zum frischen Grün der kurzbestachelten Triebe.

Bei Echinocereus pectinatus var. rigidissimus sind die kammartig anliegenden Stacheln besonders kräftig und in der Farbe zonenweise wechselnd. Die Kelchblätter der Blüten sind sehr schmal.

Aus den scharlachroten Blüten von Echinocereus triglochidiatus werden rote, eßbare Früchte.

Allgemeines: Diese Kakteengattung mit über 60 Arten ist bei Liebhabern und Sammlern wegen der herrlichen großen Tagblüten in intensiven Farben sehr geschätzt. Ihre Heimat sind die südwestlichen Staaten der USA und Mexiko. Gestalt und Bedornung der verschiedenen Arten sind vielfältig und verwirrend. Es gibt kleinkugelige, kurzsäulige, rasenbildende und sparrig verzweigte Arten. Auch die Bestachelung ist sehr unterschiedlich. Einige sind dicht mit Stacheln oder sogar Haaren besetzt.

Pflege: Leicht. Im Sommer vollsonniger, luftiger, gut mit Wasser versorgter, heißer Standort, im Winter hell, kühl und absolut trocken. Frei ausgepflanzt in übliches, sehr nährstoffreiches, gut dräniertes Substrat gedeihen diese Kakteen am besten, einige sind sogar bedingt winterhart. Alle Arten sind anfällig für Spinnmilben. Vermehrung durch Samen oder Sprosse.

Arten: *E. dasyacanthus*, gelbe Blüten. *E. pectinatus* und seine Varietät var. *rigidissimus*, der »Regenbogenkaktus« mit farblich unterschiedlichen Stachelzonen und sehr großen rötlichen Blüten. *E. pentalophus*, rasenbildend, reich blühend, karminrot. *E. salm-dyckianus*, gruppenbildend, karottenfarbige Blüten. *E. scheerii*, rosenrote Blüten. *E. stramineus*, riesige rote Blüten. *E. subinermis*, gelbe Blüten. *E. triglochidiatus*, bedingt winterhart, stark verzweigt, scharlachrote Blüten, Frucht eßbar. *E. fitschii*, besonders blühwillig, rosa, innen dunklere Blüte.

Echinocereus salm-dyckianus

Echinocereus subinermis

Echinocereus pentalophus

E. pectinatus var.rigidissimus

Echinocereus triglochidiatus

Echinocereus stramineus

Echinocereus stramineus bildet am heimatlichen Standort Kolonien von bis zu 2 m im Durchmesser. Die purpurfarbenen Blüten haben eine Größe bis zu 12 cm.

Echinocereus dasyacanthus, der Rauhstachelige, wächst meist einzeln in kurzzylindrischen, dicken Säulen von bis zu 30 cm Höhe. Die hellen, gelb gestreiften Blüten öffnen sich nur mittags.

Echinocereus dasyacanthus

Extra-Tip

Echinocereen sind ideale Anfänger-Kakteen für bunte, fröhliche Bepflanzungen

Echinofossulocactus violaciflorus zeigt die für die Gattung typischen vielen gewellten, lamellenartigen Rippen. Auch die violettgestreiften Blüten sind ein Gattungsmerkmal.

Wie alle Echinomastus-Arten hat auch Echinomastus macdowellii ein auffallend schönes Stachelkleid und ist zudem die einzige Art, die auch wurzelecht gut wächst.

Extra-Tip

Echinofossulocactus-Arten sind ebenso variabel wie anspruchslos und deshalb für Anfänger bestens geeignet.

Echinofossulocactus

Echinofossulocactus violaciflorus

Allgemeines: Gemeinsames Merkmal dieser Gattung mexikanischer, kleinwüchsiger Kugelkakteen sind dünne, gewellte Rippen und der häufig papierartig abgeflachte, lange Mitteldorn. Die Blüten erscheinen im Frühjahr.

Pflege: Leicht. Im Sommer Sonne oder Halbschatten, Kultur auch im Freien möglich. Überwinterung fast trocken bei 8-12°C. Substrat locker, humos, nährstoffreich, leicht sauer. Vermehrung durch Samen. Pfropfen bewirkt Verlust der typischen Bedornung.

Arten: *E. arrigens*, kugelig gestreckter Körper, bis 60 schmale Rippen, purpurviolette Blüten.

E. lamellosus, blaugrüner Körper, über 30 Lamellenrippen, bis 3 cm langer Mittelstachel, rote, innen violette Blüte.

E. pentacanthus, Stacheln meist aufwärts gebogen, violette Blüten mit weißem Rand.

E. violaciflorus, kugelig gestreckter Körper, 35 Rippen, Mitteldorn gekielt, geringelt, attraktive weiße Blüte mit violetter Mitte.

Echinomastus

Echinomastus macdowellii

Allgemeines: Die kurzzylindrischen oder kugeligen Kakteen aus den Wüsten Nordmexikos und dem Südwesten der USA besitzen Rippen, die in warzige Höcker geteilt sind. Hinter dem Stachelbündel befinden sich Langareolen, die bei blühfähigen Pflanzen filzig sind. Die scheitelnahen Blüten sind verhältnismäßig klein, glockig und bei den meisten Arten weiß bis rosa.

Pflege: Schwierig. Die wärmeliebenden Kakteen kann man nur dicht unter Glas kultivieren, eventuell mit leichter Schattierung. Im Winter absolut trocken halten. Das leicht saure Substrat sollte mineralisch-sandig sein mit einem geringen Gipsanteil. Die Pflanzen sind sehr empfindlich gegen kühle Feuchte, deshalb auch im Sommer nur vorsichtig gießen. Gepfropfte Exemplare sind nicht so heikel, nur sie sind dem Anfänger zu empfehlen.

Arten: E. *erectocentrus* wächst kurzzylindrisch, die Blüten sind krapprot.

E. intertextus hat anliegende, verflochtene Randstacheln und meist aufgerichtete Mittelstacheln, alle hell bis rötlich sowie purpurfarbene Blüten mit weißem Rand.

E. johnsonii bildet rote Stacheln und fleischfarbene Blüten.

E. macdowellii ist breitkugelig, gelbfilzig am Scheitel und bringt rote Trichterblüten.

E. unguispinus bringt grünliche Blüten hervor.

Echinopsis

Seeigelkaktus

Allgemeines: Diese unverwüstlichen Kakteen aus Südamerika stehen seit über hundert Jahren auf Fensterbänken in Stadt und Land. Ohne große Pflege blühen sie und bringen Samen hervor, die fast nur noch Bastarde ergeben. Reine Wildformen sind sehr selten geworden. Durch eine gezielte Hybridzüchtung wurde die Farbigkeit der Blüten noch gesteigert. Sie erscheinen im Frühling und Sommer, öffnen sich nachts, sind langröhrig, bis zu 25 cm lang und meist weiß, seltener rosa. Die Pflanzenkörper sind kugelig bis länglich, später kurzsäulig, einzeln oder sprossend.

Pflege: Leicht.Standort warm, im Sommer sonnig mit leichtem Schutz vor praller Sonne und bevorzugt im Freien, hier wird ihre Bestachelung besonders schön. Unter Glas müssen sie feucht gehalten werden. Überwintert wird sehr kühl und trocken (nur dann blühen sie), notfalls sogar im Keller. Für kräftiges Wachstum und reiche Blüte brauchen die Pflanzen ein durchlässiges, nährstoffreiches Substrat, das immer wieder stark nachgedüngt werden muß.

Arten: *E. eyriesii* mit kugeligem Körper, zuerst einzeln, dann stark sprossend, lange weiße Blüten. Von dieser Art und den folgenden stammen viele Hybriden ab.
Weißblühend sind auch *E. bridgesii*, *E. rhodotricha*, *E. tubiflora*. *E. multiplex* bis 30 cm hoch, oben schmalkantig mit großen weißen Areolen und langen hellbraunen Stacheln. Blüte weiß bis rosa, was auch für *E. oxygona* und *E. werdermannii* gilt.

***Echinopsis*-Hybride**

Echinopsis multiplex

***Echinopsis* 'Paramount'**

Tagblühende Pseudolobivien werden vielfach zu *Echinopsis* gestellt, auch hier gibt es sehr schöne Hybridsorten.
E. aurea, 10 cm hoch, seitliche bis 9 cm lange, gelbe Blüten.
E. kermesina, bis 18 cm lange karminrote Blüten.
Weitere Arten: *E. kratochviliana*, reinweiß, *E. calorubra*, orangerot, *E. frankii*, hellrotviolett.

Die Gattung Echinopsis wurde schon 1837 beschrieben. Sie umfaßte nachtblühende Kakteen aus Bolivien, Uruguay und Südargentinien. Später fand man in Bolivien und Nordargentinien ganz ähnliche Pflanzen mit kräftig gefärbten Tagblüten. Man stellte sie zunächst in die Gattung Pseudolobivia. Jetzt sind sie wieder Echinopsis zugeordnet.

Acht prachtvolle, in diesem Fall weißrosa Blüten an einer tennisballgroßen Pflanze sind bei Echinopsis-Hybriden keine Seltenheit.

Echinopsis multiplex ist eine der unverwüstlichen Arten, die schon unsere Urgroßmütter auf dem Fensterbrett stehen hatten. Die reinweiße Blüte deutet darauf hin, daß es sich um einen Bastard handelt, weil die Blütenfarbe der Urform rosarot ist.

Eine der prächtig blühenden Paramount-Hybriden von Echinopsis, deren Blüten sehr viel kräftiger gefärbt sind, als die eher blassen weiß- bis rötlich getönten der Wildformen.

Epiphyllum-Hybriden

Blattkakteen

Verschiedene prachtvolle Epiphyllum-Hybriden. Oben: 'Starflight', darunter links 'Roter Stern', daneben 'Andromeda', ganz unten links 'Jennifer Ann', daneben 'Desert Rose'.

Allgemeines: Diese schönen Kakteen wachsen in ihrer tropischen, feuchtwarmen Heimat von Mexiko bis Südamerika epiphytisch und in Kultur deshalb als Ampelpflanzen. Die grünen drei- bis vierkantigen, an der Basis runden Triebe sind nur bei den Sämlingen bedornt. Die Endzweige sind meist flach hängend und an den Rändern gezähnt. Alte Pflanzenteile verholzen. Die herrlichen, variantenreichen Blüten der Hybriden entfalten sich bei Nacht und bleiben dann noch etwa zwei Tage offen. Die Blüten der Wildformen sind weiß bis rötlich. Sie erscheinen je nach Art und Sorte vom zeitigen Frühjahr bis in den späten Sommer und verwandeln sich später in auffallende rote Früchte.

Pflege: Relativ leicht. Standort schattig oder halbschattig, aber dennoch hell. Im Sommer fühlen sich die Pflanzen im Freien am wohlsten. Viel Helligkeit im Winter verhindert, daß sich dünne, schmale, vergeilte Wintertriebe oder »Spieße« bilden, die abgeschnitten werden müssen. Überwintert wird bei 10-15°C und ständig schwach feuchtem Substrat oder bei 5°C, dann aber trocken.

Während der Wachstumszeit muß regelmäßig gegossen werden, bei Trockenheit fallen die Blütenknospen ab.

Das beste Substrat ist sandige Humuserde mit viel Torf. Ist das Substrat zu bindig oder zu oft ausgetrocknet, faulen die empfindlichen Wurzeln, besonders bei tropischen Arten.

Epiphyllen werden bevorzugt von Nematoden und Viren befallen. Symptome sind unter

'Starflight'

'Roter Stern'

'Andromeda'

'Jennifer Ann'

'Desert Rose'

'Kitty Hawk'

'Day Dream'

'Honeycomb'

'Monastery Garden'

'Pegasus'

anderem Wurzelzysten oder bei Viren weißlichgrüne Flekken, Verbräunung und Krümmung der jüngsten Glieder. Befallene Pflanzen sind nicht zu retten. Vermehrt werden Epiphyllen durch Stecklinge.

Arten: Als Synonyme laufen auch *Rhipsalidopsis*-Arten. Bedeutender als die seltener gepflegten botanischen Arten *E. phyllanthum*, *E. crenatum* oder *E. anguligerum* (Fischgrätenkaktus), die alle weißlich bis rötlich blühen, sind die in allen Nuancen prächtig blühenden Hybriden. Die besonders attraktiven Knebelschen Hybriden haben mehr mit *Nopalxochia* zu tun.

Sorten: Siehe Farbtableau.

Weitere attraktive Epiphyllum-Varietäten sind: 'Acapulco Sunset', orange. 'Adam', cremeweiß. 'Agatha', rosa. 'Albert Pike', weiß. 'Albertine', hellviolett. 'Bohemienne', sattrot. 'Bolero', rot mit violett. 'Carnival', orange mit violett. 'Clown', dreifarbig weiß-rosa-rot. 'First Prom', zartviolett. 'Forty Niner', cremegelb mit goldgelb. 'Frances C.', zitronengelb. 'King Midas', gelb mit braunorange. 'Mexa Kelly', schneeweiß.

Weitere Schönheiten aus dem beachtlichen Sortiment der Epiphyllen. Oben: 'Kitty Hawk', darunter links 'Day Dream', daneben 'Honeycomb', ganz unten links 'Monastery Garden', daneben 'Pegasus'.

Die Bezeichnung Blattkaktus (Phyllocactus), die botanisch richtig nur den tagblühenden Hybriden von Nopalxochia, Heliocereus, Selenicereus u.a. zukommt, hat sich wegen der langen, kantigen, blattartigen Triebe auch für die strauchigen Epiphyllum-Arten eingebürgert.

Epithelantha micromeris wird mit den kleinen Warzen und der hübschen, weißen Bestachelung im nichtblühenden Zustand oft für eine Mammillarie gehalten. Erst wenn die winzigen Blütchen (bis 6 mm im Durchmesser) aus dem Scheitel kommen, wird der Irrtum aufgeklärt.

Mit dem Alter nimmt die kräftige, wirre, schwärzliche Bestachelung von Eriosyce ceratistes sogar noch zu, ebenso die Zahl der Rippen. Der Beiname ceratistes heißt »der Gehörnte« und ist wohl auf die hochgebogenen, dicken Stacheln bezogen.

Escobaria tuberculosa, die »vielhöckerige Escobarie«, trägt auf den etwa 6 mm langen Warzen Strahlensterne aus nadeligen, weißen Stacheln. Die blaßrosa Blüten haben violettrosa Sepalen.

Epithelantha

Epithelantha micromeris

Allgemeines: Die langsam wachsenden, kleinen, gruppenbildenden Kakteen stammen aus Westtexas und Nordmexiko. Die breitrunden bis kugeligen Pflanzen ähneln mit ihren kleinen Warzen zwar den Mammillarien, aber ihre Blüten entstehen nicht im Kranz aus den Axillen, sondern aus den jüngsten Areolen im mehr oder weniger wolligen Scheitel. Die Dornen liegen an oder stehen leicht ab.
Pflege: Schwierig. Nur am prallsonnigen Standort und unter Glas erfolgreich zu halten. Gegossen wird wenig und nur bei warmem Wetter. Überwinterung absolut trokken. Leicht saures bis neutrales, etwas gipshaltiges, mineralisches Substrat. Am besten gedeihen die Pflanzen gepfropft, aber sie entarten dann leicht.
Arten: *E. micromeris* mit winzigen spiralig gestellten Warzen und weißen anliegenden Stacheln ist am bekanntesten und bildet blaßrosa Blüten aus einem Schopf in der Scheitelmitte. *E. polycephala* verzweigt sich mehrköpfig.

Eriosyce

Eriosyce ceratistes

Allgemeines: Diese sehr großen Kugelkakteen aus den chilenischen Kordilleren sind selten in Sammlungen zu sehen. Ihr Formenreichtum führt dazu, daß bis heute nicht ganz klar ist, ob es sich um mehrere Arten oder um Varietäten einer Art handelt. Die Pflanzenkörper werden bis 1 m hoch und bis 50 cm breit. Die Stacheln sind schwarz, gelb oder grau. Im Scheitel entsteht ein wolliger, stacheldurchsetzter Schopf. Die Blütenfarben variieren zwischen Rosa und Mennigerot.
Pflege: Relativ leicht. Standort im Sommer sehr hell und warm bei reichlichem Gießen. Überwintern hell, kühl und trocken. Das Substrat muß leicht, aber nährstoffreich sein. Nachdüngen kann nicht schaden.
Arten: *E. ceratistes* mit derben, krallenartig nach oben gebogenen Stacheln und roten Blüten mit kurzen Röhren. Eine weitere Art ist *E. bruchii*.

Escobaria

Escobarie

Escobaria tuberculosa

Allgemeines: Die zierlichen, mammillarienähnlichen Kakteen stammen aus Westtexas und Neumexiko. Im Jugendstadium sind sie winzig, im Alter erst werden sie kugelig oder zylindrisch und bilden Gruppen. Die Stacheln sind dünn und nadelig, die kleinen Blüten im Scheitel verschiedenfarbig.
Pflege: Schwierig. Damit die Pflanzen blühen, brauchen sie viel Sonne und volle Hitze. Wenig, aber regelmäßig, im Hochsommer mit einer Pause, gießen, Winterruhe bei völliger Trockenheit und Temperaturen von 6-10°C. Poröses Substrat mit reichlich Nährsalzen und etwas Torf und Gips. Vermehrung durch Samen oder Sproßpfropfung.
Arten: Purpurn blühen *E. roseana* und *E. runyonii*, grünlich *E. lloydii*, weiß *E.emskoetteriana*, violett *E. rigida*, gelb *E. zilziana*.
E. chaffeyi hat rosa- bis cremefarbene, *E. hesteri* hellpurpurne und *E. tuberculosa* rosa Blüten.

Espostoa

Espostoa lanata

Allgemeines: Die aus Ekuador und Peru stammenden und schon als Sämlinge äußerst attraktiven Arten haben, ob strauchig oder baumförmig, alle eine mehr oder weniger dichte, weißwollige Behaarung, teils mit weißlichen, gelben oder rötlichen Stacheln. Im blühfähigen Alter bildet sich seitlich am Trieb ein dichtwolliges, weißes, gelbes oder braunes Cephalium, aus dem die weißen Blüten herauswachsen.

Pflege: Leicht. Volle Sonne und Wärme im Glashaus. Häufig sprühen, wenig und nur bei warmem Wetter gießen. Winterruhe trocken und kühl. Lockeres, nahrhaftes Substrat. Vermehrung durch Samen.

Arten: *E. lanata* ('Cotton Ball'), Triebe von weißen Haaren umsponnen.

E. melanostele (syn. *Pseudoespostoa melanostele*) dicht weißwollig.

E. nana (syn. *P. nana*) ist völlig in ein seidiges, weißes Haarkleid gehullt.

Einige Espostoa-Arten werden synonym auch unter Pseudoespostoa geführt.

Eulychnia

Eulychnie

Eulychnia ritteri

Allgemeines: Die strauch- oder baumförmigen Eulychnien aus Chile zählen wegen ihrer prächtigen Bestachelung zu den schönsten Säulenkakteen. Schon Jugendformen fallen durch einen starken weißen oder grauen Areolenfilz und lange Behaarung auf. Die Stacheln sind oft lang und derb. Die weißen Blüten kommen in Kultur kaum.

Pflege: Leicht. An vollsonnigem Standort im Sommer, aber besonders in der frühherbstlichen Hauptwachstumszeit, mäßig feucht halten. Staunässe vermeiden. Abends mit kaltem (!) Wasser sprühen. Nahrhaftes, durchlässiges Substrat. Schnelles Wachstum erreicht man nur durch Pfropfen.

Arten: *E. iquiquensis* ist am verbreitesten.

E. ritteri besitzt sehr dicht stehende Areolen mit zottigem Filz und dünnen bräunlichen Rand- und langen Mittelstacheln.

E. spinibarbis zeigt im Jugendstadium weit auseinanderstehende Areolen mit anfänglich vielen weißen Haaren.

Ferocactus

Ferokaktus

Ferocactus acanthodes

Allgemeines: Diese Gattung aus den südlichen USA und Mexiko hat so mannigfaltige Wuchsformen wie kaum eine andere. Neben unverzweigten Säulen findet man faßgroße Kugeln, flache Scheiben und riesige Polster. Viele haben eine auffallende, kräftige Bedornung, die hakig, gebogen, gedreht oder geringelt sein kann. Die gelben bis orangefarbenen Blüten erscheinen erst an großen Pflanzen. Einige Arten bringen eßbare Früchte.

Pflege: Schwierig. Standort im Freien in voller Sonne, unter Glas ohne Prallsonne. Regelmäßig aber sparsam gießen. Staunässe vermeiden. Sandig-lehmiges, durchlässiges Substrat. Überwinterung hell und absolut trocken bei 10-14°C. Vermehrung durch Samen.

Arten: *F. acanthodes* (»Teufels Nadelkissen«), bis 12 cm lange, rosa oder gelbliche Mittelstacheln.

F. glaucescens mit goldgelben Stacheln.

F. histrix mit bernsteinfarbenen Stacheln.

F. latispinus relativ klein, geringelte Rand-, rote, abgeflachte Mittelstacheln.

Unter den allesamt bildschönen Espostoen ist Espostoa lanata vielleicht die schönste. Die weißwollig umsponnenen Körper sehen, vor allem im Jugendstadium, wie Wattebällchen aus.

An Eulychnia ritteri wirken die filzigen Areolen wie zu einer Watteschnur aufgereiht. Die daraus ragenden Mittelstacheln werden bis zu 6 cm lang.

Die weißlichen, rosa, hellroten oder gelblichen, langen Stacheln von Ferocactus acanthodes kleiden die Pflanze so hübsch, daß man die Blüten gar nicht vermißt.

Extra-Tip

Espostoen sind Juwelen jeder Sammlung. Daß die Blüte bei diesen Pflanzen in Kultur nur selten erreicht wird, ist kein Manko, denn diese Gattung fasziniert vor allem durch das dichte Haargespinst. Sämlinge wachsen übrigens wurzelecht zwar gut, aber langsam. Schneller geht es durch Pfropfen auf *Pereskiopsis*.

Frailea

Die kleinen, kugeligen Körperchen von Frailea pulcherrima sind auch ohne die im Verhältnis zum Körper großen, gelben Blüten niedlich anzusehen.

Frailea pulcherrima

Allgemeines: Zu dieser Gattung zwergiger Kugelkakteen aus dem mittleren Südamerika gehören Arten, die kleistogam sind; die gelben Blüten öffnen sich nur bei ausgesprochen heißem, sonnigem Wetter. Die Körper der hübschen Kleinkakteen sind hellgrün bis braun, mit flachen Rippen und wenig betonten Warzenreihen. Sie sprossen meist im Alter, brauchen aber auch dann nur wenig Platz.

Pflege: Relativ leicht. Standort im Sommer warm, nicht zu trocken und halbschattig. Nebeln wird gut vertragen. Kühl überwintern. Trockenschrumpfen dabei ist unschädlich. Fraileen möchten ein grobsandiges, mineralisches, etwas humoses, nährstoffreiches Substrat. Vermehrung aus Samen. Pfropfen unnötig.

Arten: *F. pulcherrima* mit hellen Stacheln.

F. castanea mit rotbraunem Körper und auffallend großer gelber Blüte.

F. grahliana reichsprossend, bräunlichgrün.

Extra-Tip

Frailea castanea, auch *F. asteroides* genannt, besitzt einen seeigelähnlichen Körper und ist konvergent zu *Astrophytum asterias*, das heißt, beide sehen sich zum Verwechseln ähnlich.

Gymnocactus

Gymnocactus beguinii ist eine richtige Kakteenschönheit: Braunrot gespitzte Mittelstacheln aus einem Strahlenkranz glasig weißer Randstacheln, die Scheitelareolen weißwollig und prächtige Blüten.

Gymnocactus beguinii

Allgemeines: Die hübschen, fein und meist hell bestachelten und im Scheitel bewollten Kugelkakteen werden bis zu 15 cm hoch. Nur wenige Arten sprossen, einige besitzen Rübenwurzeln. Die Rippen sind deutlich zu sehen, die Blüten werden nur mittelgroß und sind vorwiegend purpurfarben, rosa oder weiß.

Pflege: Schwierig. Nicht für Anfänger geeignet! Standort heiß, sonnig und luftig. Im Sommer vorsichtig gießen, Staunässe schadet. Überwinterung absolut trocken bei 6-10°C. Sehr durchlässiges Substrat mit einem Bimskies- und Perliteanteil von 50%. Bei Zimmerpflege auf *Trichocereus spachianus* pfropfen. Vermehrung durch Samen.

Arten: *G. beguinii*, blaugrüner Körper, weißwollige Areolen, violette Blüten.

G. gielsdorfianus, mattgelblicher bis blaugrauer Körper, spiralig gestellte Warzen, weiße Blüten.

G. horripilus, gruppenbildend, purpurfarbene Blüten.

G. knuthianus, sprossende Art mit glänzend dunkelgrünem Körper, weißen Stacheln, zartlila-rosa Blüten.

G. *mandragora* mit dicker Rübenwurzel und weißen rosa gesteiften Blüten.

G. valdezianus, sehr klein, anliegende haarige Fiederstacheln, violettrosa Blüten.

Gymnocactus-Arten werden von manchen Autoren auch unter den Synonymen Neolloydia, Normanbokea, Rapicactus und Thelocactus geführt.

Gymnocalycium

Gymnocalycium mihanovichii var. friedrichii f. rubra

Gymnocalycium andreae

Gymnocalycium gibbosum

Von Gymnocalycium mihanovichii var. friedrichii f. rubra stammen die gepfropften Mutationen ab, die der Volksmund Erdbeerkakteen nennt. Die roten oder andersfarbigen Aufsitzer kindeln leicht und reich.

Die spärlich bestachelten Körper von Gymnocalycium andreae sprossen reich. Die schwefelgelben Blüten sind bis zu 4,5 cm groß.

Die bis zu 1,5 cm hohen Rippen von Gymnocalycium gibbosum haben scharfe Querfurchen. Die typisch beschuppten, weißen Blüten sind bis zu 6,5 cm lang.

Allgemeines: Gymnocalycien sind in Südamerika beheimatet und ideale Sammlerobjekte, mit denen auch der Anfänger Blüherfolge feiern kann. Es gibt über 100 Arten dieser robusten Kugelkakteen, die vom Frühjahr bis zum Herbst in den schönsten Farben blühen. Ihre kugeligen Körper wachsen meist einzeln, selten sprossend; sie sind klein, aber auch bis 30 cm hoch, flachgedrückt und mit deutlichen, meist gehöckerten Rippen ausgestattet. Die scheitelnahen, beschuppten Blüten sind groß, glockig und stehen mehrere Tage offen.

Pflege: Leicht. Der Standort soll luftig, aber vor praller Sonne geschützt sein. Überwinterung nicht ganz trocken bei 8-12°C. Humoses Substrat aus 2 Teilen Humus und 1 Teil lehmigen Sand. Im Sommer mäßig gießen und nachdüngen. Vermehrung problemlos durch Samen. Gepfropfte »Erdbeerkakteen« feuchtwarm und absonnig in humushaltigem Substrat halten, gleichmäßig gießen. Fußkälte vermeiden!

Arten: *G. andreae*, dunkelblaugrüner Körper, bronzefarben überhaucht, wenige Stacheln, schwefelgelbe Blüten.

G. baldianum, kleiner blaugrüner Körper mit Rübenwurzel, scharf gefurcht, purpurne Blüten.

G. bruchii, nur 3,5 cm hoch, stark sprossend, zierliche Glockenblüten in allen Rosaschattierungen.

G. capillaense, breitkugelige, sprossende Körper mit hellen Stacheln, weiße bis zartrosa Blüten.

G. damsii, flache, hell- bis dunkelgrüne Kugelkörper, lange weiße Blüten.

G. gibbosum, bis 60 cm hoch, gebogene lange Stacheln, weiße Blüten.

G. mihanovichii, graugrün bis rötlichbraune Körper, helldunkel gebänderte Rippen, lange Stacheln, grünliche Blüten, bei der Spielart var. *friedrichii* rosa. Von ihr gibt es chloroplastenfreie rote, rosafarbene, gelbe, violette und mehrfarbige Mutanten wie den »Erdbeerkaktus«. Sie sind auf *Hylocereus trigonus* gepfropft, ohne dessen Blattgrün sie nicht assimilieren könnten.

G. quehlianum, grüngraue, rötlich überhaucht flachkugelige Körper mit dicken Rübenwurzeln, reinweiße Blüten mit rotem Schlund.

Haageocereus versicolor ist ein Säulenkaktus, der in keiner Sammlung fehlen sollte. Die Stachelfärbung wechselt von unten nach oben in Zonen von Gelb bis zu Fuchsrot im Scheitel.

Hamatocactus hamatacanthus mit anfangs roten oder gefleckten, langen, zum Teil hakigen Stacheln hat zwar sehr attraktive, große, gelbe Blüten mit rotem Schlund, aber im Gegensatz zu Hamatocactus setispinus keine roten, sondern nur grüne, kugelige Früchte.

Haageocereus

Haageocereus versicolor

Allgemeines: Die bunt- und dichtbestachelten Säulenkakteen von der Westseite der Anden Perus werden bis 3 m hoch. Je nach Art wachsen sie aufrecht oder niederliegend, sind fein oder derb, gelb, braun, rot oder schwärzlich bedornt und teils behaart oder beborstet. Die Nachtblüten sind grün, weiß, rosa, rot.

Pflege: Leicht, besonders gepfropfte Exemplare. Standort warm, sonnig und luftig unter Glas. Überwinterung nicht unter 10°C. Mit kalkfreiem Wasser stets feucht halten. Vermehrung durch Samen mit anschließender Pfropfung.

Arten: *H. albispinus*, bis 15 aufrechte Triebe, tiefrote Blüten.

H. chosicensis bunte Stacheln mit Haarborsten, violettrote Blüten.

H. horrens mit dichten Stacheln, grünweiße Blüten.

H. pseudomelanostele basal verzweigt, goldgelbe Stacheln, grünweiße Blüten.

H. versicolor in Zonen wechselnde Stachelfarben.

Hamatocactus

Hamatocactus hamatacanthus

Allgemeines: Diese attraktiven Kakteen aus Texas und Neumexiko haben kugelige bis kurzzylindrische Pflanzenkörper mit tiefen, oft gewellten Rippen. Die Mittelstacheln sind lang, zum Teil hakig gekrümmt und rot gefärbt.

Pflege: Leicht. Standort sonnig, hell und warm. Verfärbt sich der Körper rötlich, muß etwas beschattet werden. Regelmäßig, aber sparsam gießen. Überwintern hell bei 10-12°C. Nahrhaftes, leicht saures Substrat. Vermehrung durch Samen.

Arten: *H. hamatacanthus*, dunkelgrüner, im Alter gestreckter Körper, jung rote, später bräunliche, lange, hakige Stacheln, gelbe Blüten mit rotem Schlund.

H. setispinus (»Fischbeinkaktus«), kugelig, bläulichgrün, Rippen gewellt und gebuchtet, lange Hakenstacheln, jung schon mit großen Blüten, außen grünlichgelb, innen rötlich.

Harrisia

mit Eriocereus

Harrisia jusbertii

Allgemeines: Die Pflanzen dieser Gattung wachsen teils baum- und strauchartig, teils kletternd. Die runden, schlanken Triebe mit wenigen Rippen tragen viele kurze Stacheln. *Harrisia* ist auf den Westindischen Inseln und Florida, *Eriocereus* in Mittel- und Südamerika zuhause. Nur ältere Pflanzen ab etwa 1 m Länge blühen mit weißlichen, duftenden Nachtblüten.
Pflege: *Harrisia* schwierig, *Eriocereus*-Arten relativ leicht. Standort hell, absonnig und warm – auch im Winter. Während des Wachstums reichlich gießen. Substrat nahrhaft, durchlässig. Kletternde Arten brauchen Stützgerüste.
Arten: *H. jusbertii* (syn. *Eriocereus jusbertii*) wenig verzweigt, gute Pfropfunterlage. *H. martinii* bis 2 m lange Triebe, Blüten bis 20 cm lang.

Hatiora

Korallenkaktus

Hatiora salicornioides

Allgemeines: In ihrer Heimat Brasilien wachsen diese epiphytischen Kakteen auf Bäumen oder Felsen. Sie haben einen buschigen, auch hängenden Hauptstamm und quirlförmig angeordnete, verzweigte, kahle oder kurz beborstete Seitenäste. Die Glieder sind an der Basis dünn, verdicken sich dann keulenförmig. Die kleinen Trichterblüten erscheinen aus den Scheitelareolen. Schöne Ampelpflanzen.
Pflege: Relativ leicht. Standort warm und hell, aber nicht sonnig, im Sommer auch im Freien. Besser sprühen als gießen. Überwinterung bei 10°C leicht feucht. Saures, humoses, nährstoffreiches, am besten organisch gedüngtes Substrat; in schwerem Boden faulen die Wurzeln.
Arten: *H. bambusoides*, blüht orangerot.
H. cylindrica, orange-gelb.
H. herminiae, dunkelrosa bis blauviolett.
H. salicornioides, gelb.

Heliocereus

Heliocereus speciosus

Allgemeines: Die dünnbestachelten, buschigen, kletternden, hängenden, auch epiphytischen Kakteen aus Mexiko und Guatemala gedeihen sehr gut am Blumenfenster. Die drei- bis fünfkantigen Triebe liegen am natürlichen Standort am Boden, in Kultur wachsen sie aufrecht und brauchen einen Stützstab.
Pflege: Relativ leicht. Im Sommer ist ein windgeschützter Platz im Freien mit reichlichen Wassergaben ideal. Überwinterung kühl und hell, Substrat leicht feucht halten. Sehr nährstoffreiches, humoses und durchlässiges Substrat. Vermehrung durch Stecklinge oder Samen problemlos.
Arten: *H. speciosus*, die Schönste von allen: bis 15 cm lange, karminrote Blüten, häufig mit *Nopalxochia*, *Epiphyllum*, *Aporocactus* und *Selenicereus* gekreuzt, raschwüchsig.
H. amecamensis, blüht weiß, *H. cinnabarinus*, zinnoberrot, innen gelb, *H. schrankii*, blutrot.

Harrisia jusbertii (syn. Eriocereus jusbertii) wird von Fachleuten verdächtigt, ein Bastard zu sein. Den Liebhaber stört das wenig. Er freut sich, wenn es ihm gelingt, die riesigen, bis 18 cm langen, weissen Blüten zu erleben.

Die Triebe von Hatiora salicornioides sind wirtelig verzweigt, anfangs zylindrisch oder tonnenförmig und haben später deutliche, bis 3 cm lange Stiele. Das Hübscheste sind vielleicht die kreiselförmigen, durchscheinenden, weißen Früchte mit rötlicher Spitze.

Heliocereus speciosus braucht sich als Elter prachtvoller Hybriden vor der Schönheit seiner Kinder nicht zu verstecken. Auch seine leuchtend karminroten, großen Blüten sind zu bestaunen.

Extra-Tip
Achtung! In Ampeln gehaltene Heliocereen trocknen schnell aus. Öfter kontrollieren. Außerdem: Ohne vorausgegangene kühle Überwinterung wird man bei diesen Schönheiten vergeblich auf Blütensegen hoffen.

Hildewintera aureispina

Hildewintera aureispina ist eine der wenigen Kakteen, die zum Anfassen verlocken. Die langen, hängenden Triebe möchte man streicheln; sie fühlen sich samtweich an. Auch die zinnoberroten Blüten sind etwas Besonderes: Mit der doppelten Krone sehen sie wie gefüllt aus.

Wie alle Islayen wächst auch Islaya paucispina meist einzeln. Der graugrüne Körper ist braunrot bestachelt. Auffallend ist der gelbliche Schopf. Die lebhaft gelben Blüten sind relativ klein, nur 1,5 cm lang.

Hildewintera aureispina

Allgemeines: Die in Bolivien beheimatete einzige Art, *Hildewintera aureispina*, gilt als eine der schönsten Kakteen überhaupt. Sie ist wohl die attraktivste Neuentdeckung des Kakteensammlers Ritter in Bolivien. Die am Heimatstandort von Felsen herunterhängende Art verzweigt sich basal strauchig und ist in Kultur durch diesen Habitus eine attraktive Ampelpflanze. Die Triebe werden nur 2,5 cm dick, aber über 1 m lang. Sie sind dicht, goldgelb bestachelt, sehen aus wie Pelzschwänze und fühlen sich auch so an. Die Blüten erscheinen üppig, halten mehrere Tage, sind bis 6 cm lang und haben eine »doppelte« Krone: Die äußeren Blütenblätter sind orangegelb, die mittleren hellzinnoberrot mit blutrotem Mittelstreifen, die inneren weiß bis rosa. Dieses »Blütenwunder« tritt bei keiner anderen Kakteenart auf und ist entwicklungsgeschichtlich bis jetzt noch nicht untersucht worden.

Pflege: Leicht. Auch für Anfänger geeignet. *Hildewintera* unter Glas hell, warm und sonnig, im Winter tags bei 15-20° C, nachts bei 8-12° C halten. Wichtig: Die Pflanze darf nicht austrocknen. Vermehrung aus Stecklingen, die gut bewurzeln. Bei der Anzucht aus Samen braucht man viel Geduld. Gepfropft auf *Harrisia jusbertii*, *Cleistocactus smaragdiflorus* oder hohe Säulenkakteen wachsen die Pflanzen dagegen sehr schnell.

Extra-Tip

Erfahrene Kakteenzüchter meinen, daß die Samen der Islayen vermutlich erst nach 6-8 Jahren keimfähig sind, da sie am extrem trockenen Heimatstandort oft Jahre überdauern müssen, bis günstige Keimbedingungen auftreten.

Islaya

Islaya paucispina

Allgemeines: Die kugeligen, kurzzylindrischen, einzeln wachsenden Kakteen mit dem dichten Filzschopf sind in den Küstensandwüsten und -gebirgen Perus und Chiles zuhause. Die kleinen gelben Blüten erscheinen im Spätsommer. Besonders charakteristisch sind die mit Luft gefüllten und behaarten roten Früchte.

Pflege: Schwierig. Islayen wollen volle, aber keine pralle Sonne und im Sommer Wärme und wenig Wasser, dafür mehr Nebel. Im Winter hält man sie trocken und kühl. Substrat durchlässig, nährstoffreich. Vermehrung aus Samen schwierig.

Arten: *I. bicolor*, purpurgrüner Körper, gelbe, rotgespitzte Blüten. *I. brevicylindrica*, graugrün, gelbliche Blüten.
I. krainziana, 75 cm lang, mit rotgelben, duftenden Blüten.
I. paucispina, graugrün, Stacheln braunrot, gelbblühend.

Lemaireocereus

Lemaireocereus marginatus

Allgemeines: Diese Kakteen aus Mexiko werden in ihrer Heimat sehr hoch, bleiben in Kultur aber eher klein. Einzelne oder an der Basis verzweigte Pflanzenkörper stehen aufrecht mit dunkelgrünen Trieben und grauen Stacheln. Die Blüten erscheinen in Kultur selten und sind elfenbeinweiß.
Pflege: Schwierig. Die wärmeliebenden Pflanzen möglichst nahe am Glas halten und frei auspflanzen.Sie brauchen viel Platz. Im Sommer ausreichend gießen. Überwinterung hell und trocken, nicht unter 10°C. Substrat nährstoffreich, mineralisch, durchlässig, leicht sauer. Vermehrung durch Stecklinge oder Samen, Pfropfung nur bei *L. beneckei.*
Arten: *L. hollianus* wird als Leitart der Gattung angesehen. Andere sind unter anderen Namen bekannt (siehe unten).

Ob Lemaireocereus allein zu Pachycereus oder mit Hertrichocereus, Isolatocereus, Pachycereus und anderen zu Stenocereus bzw. alle zusammen doch wieder als Synonyme zu Lemaireocereus gestellt werden, ist noch nicht endgültig festgelegt.

Leuchtenbergia principis

Prismenkaktus

Leuchtenbergia principis

Allgemeines: Auch von dieser Kakteengattung gibt es nur eine einzige Art, *L. principis*, den Prismenkaktus. Der Kaktus fällt durch seine außergewöhnliche Gestalt auf. Der agavenähnliche Habitus macht *L. principis*, die am Heimatstandort Nord- und Mittelmexiko zwischen Gebüsch wächst, zu einer begehrten Rarität für fortgeschrittene Sammler. Auf einem starken Stamm mit dicker Rübenwurzel stehen spiralig bis zu 12 cm lange, dreikantige schlanke, blaugrüne Warzen, deren Spitzenareolen stark grauwollig sind. Die gelblichgrauen, papierdünnen Stacheln sind unregelmäßig verdreht und bis 15 cm lang. Die großen, gelben, duftenden Tagblüten kommen oberhalb der Areolen junger Warzen. Die daraus entstehenden Früchte sind spindelig, trocken und beschuppt.
Der Prismenkaktus bleibt in Kultur klein und wächst sehr langsam.
Pflege: Schwierig. Der Standort unter Glas sollte sehr sonnig sein, gegossen wird gleichmäßig und sparsam. Überwinterung kühl und trocken. Substrat sandig-lehmig und sehr nährstoffreich. Die Vermehrung aus Samen ist langwierig. Sämlingspfropfung ist dehalb empfehlenswert.

Lemaireocereus marginatus (syn. Marginatocereus marginatus) verzweigt in Kultur basal. Die Triebe haben nur wenige, schmalkantige Rippen mit fast zusammenfließenden Areolen und kurzen, unauffälligen Stacheln.

Leuchtenbergia principis, der Prismenkaktus, gleicht eher einer Agave als einer Kaktee. Die dreikantigen, langen, oben gestutzten Warzen sterben von der Spitze her im Alter ab. Die Stacheln ähneln Bastfäden.

Lobivia

Lobivia

Lobivia tiegeliana wirkt pectinat, das heißt die Stacheln sind kammartig angeordnet; der Scheitel ist eingesenkt. Die Art blüht sehr reich.

Lobivia backebergii, einzeln wachsend, aber auch reich sprossend, läßt deutlich die etwas schräg gefurchten Rippen erkennen. Die Stacheln sind zum Teil hakig gebogen.

Lobivia winteriana hat eine rübenartige Wurzel, deutliche Rippen mit ovalen Areolen und hellbraune Stacheln. Die rubinroten Blüten haben scharf zugespitzte Petalen und schmale Sepalen mit grünem Mittelstreifen.

Lobivia tiegeliana

Lobivia backebergii

Lobivia winteriana

Allgemeines: Der Name *Lobivia* ist ein Anagramm zu Bolivia, das neben Peru und Argentinien zur Heimat dieser prächtigen Kakteen gehört. Sie bleiben klein, wachsen kugelig oder zylindrisch, einzeln oder sprossend. Die Bestachelung ist je nach Art unterschiedlich.
Was die Lobivien aber für den Kakteenfreund so attraktiv macht, sind die herrlichen, trichterförmigen Tagblüten in leuchtend-kräftigen Farben, die sogar innerhalb einer Art variieren können. Die Pracht reicht in allen Schattierungen von Rot bis Gelb, besonders beliebt sind Blüten mit kräftigen Kontrasten wie Rot mit grünem Schlund, Rosa mit schwarzem Schlund oder Kupferorange mit einem grünen Schlund.

Pflege: Leicht. Lobivien brauchen einen hellen, vollsonnigen und luftigen Standort, im Sommer auch im Freien. Gegossen wird etwas mehr als bei anderen Kakteen. Im Hochsommer, wenn die Pflanzen blühen, muß regelmäßig nachgedüngt werden. Überwinterung absolut trocken und kühl. Lobivien blühen nur, wenn sie im Winter absolut trocken und bei Temperaturen zwischen 4 und 8 °C gehalten werden. Das Substrat sollte sehr nahrhaft, nur schwach humos, sandig-lehmig und mit viel Bimskies und Perlite vermischt sein. Alle Lobivien sind für Spinnmilben anfällig. Standorte mit gestauter trockener Luft sind gefährlich.Vermehrt wird durch Samen oder Ableger.

Arten: *L. arachnacantha* mit gelborangen Blüten.
L. backebergii,kugeliger kleiner Körper, Blüte karminrot mit bläulichem Schimmer und weißem Schlund.
L. binghamiana, krapprote Blüten mit bläulichem Schein.
L. glauca, orange Blüten mit schwarzem Schlund.
L. tiegeliana, Körper kugelig, violettrosa Blüten.
L. winteriana, rubinrote Blüten.
Weitere Arten siehe Tabelle.

Weitere attraktive Lobivienarten			
Art	**Blütenfarbe**	**Höhe(cm)**	**Bemerkung**
Lobivia allegraiana	seidig-blutrot	bis 8	Rippen spiralig gehöckert
L. emmae	karmesin, Schlund scharlach	bis 10	schmale, niedrige Rippen (ca. 16)
L. haageana	hellgelb, roter Schlund	bis 30	tiefgekerbte, etwas schräglaufende Rippen
L. hertrichiana	feuerrot bis dunkelfleischfarben	bis 10	Rippen mit scharfer Kante, tief quergefurcht
L. pentlandii	orange bis karmin	bis 10	schiefgekerbte Rippen, rasenbildend
L. polaskiana	dottergelb, nach unten rot geflammt	bis 20	–
L. shaferi	gelb	7-15	dicht bestachelt
L. vatteri	weiß, Schlund schwarz	bis 6	Rübenwurzel
L. westii	orangerosa bis goldorange	bis 20	strohfarbene Stacheln, braun gespitzt
L. wrightiana	zart lilarosa	bis 15	Rübenwurzel; bis 7 cm langer Mittelstachel

Lophocereus

Lophocereus schottii

Allgemeines: Zur Kultur sind diese säuligen und strauchigen Kakteen durchaus geeignet, obwohl sie im heimatlichen Arizona und Mexiko bis 3 m hoch werden und auch nur dort blühfähige Areolen ausbilden. Die kleinen Nachtblüten erscheinen zu mehreren aus einer Areole in langborstigen Blühzonen (Vorstufen echter Cephalien) an den Triebenden älterer Pflanzen, daher der Name »Haarschopfsäulenkaktus«.

Pflege: Relativ leicht. Standort sehr warm und vollsonnig. Reichlich wässern. Überwinterung fast trocken und nicht unter 8°C. Das Substrat sollte nur mineralisch und sandig mit etwas Lehmanteil sein.

Arten: *L. schottii* treibt aus der Basis mehrere gelblichgrüne Triebe. Die Form f. *mieckleyanus* ist monströs und für die Kultur besonders zu empfehlen.

Lophophora

Rauschgiftkaktus

Lophophora williamsii

Allgemeines: Der unter der Bezeichnung Schnapskopf, Rauschgiftkaktus und Büschelkaktus bekannte Kaktus war bereits den Azteken und benachbarten altindianischen Stämmen unter dem Namen Peyotl oder Peotl bekannt und wurde wie eine Gottheit mit magischen Kräften verehrt. Die Experten streiten, ob die von Texas bis Zentralmexiko vorkommende Gattung *Lophophora* aus drei oder aus nur einer sehr variablen Art, *L. williamsii*, besteht. *Lophophora* bildet einzelne, sprossende, auch bläulich- oder gelblichgrüne, weiche, flachkugelige Körper mit starken Rübenwurzeln. Die Sämlinge sind winzig, ältere Pflanzen stachellos, die Rippen breit. Die Areolen tragen Filzbüschel. Die Blüten sind klein, weiß rosa oder blaßgelb.

Pflege: Relativ leicht. *Lophophora* wächst sehr langsam. Im Sommer sehr warm und sonnig und dauernd etwas feucht, im Winter kühl und trocken halten. Substrat locker, mineralisch mit geringem Gipsanteil. Vermehrung durch Samen.

Arten: *L. williamsii* mit weißrosa Blüten.

Machaerocereus eruca

Kriechender Teufel

Machaerocereus eruca

Allgemeines: Diese Kakteenart aus Mexiko ist eng mit *M. gummosus*, dem Lieferanten der »Pithaya-Früchte« verwandt. Ihre 8 cm dicken Triebe kriechen dicht und mit wilden Stacheln besetzt auf dem Sandboden. Der nach rückwärts gerichtete, dolchartige Mittelstachel ist 3 cm lang, die Nachtblüten reinweiß bis zartrosa.

Pflege: Schwierig. Standort unter Glas vollsonnig, am besten ausgepflanzt, da Umtopfen schlecht vertragen wird. Nur mäßig gießen, häufig nebeln, die Pflanze ist nässeempfindlich. Überwinterung absolut trocken, nicht unter 10°C. Substrat locker, nährstoffreich, leicht sauer. Vermehrung durch liegende Stecklinge.

Machaerocereus wird auch zu Lemaireocereus gezählt

Lophocereus schottii ist ein wenig auffallender, stammloser Kaktus, der im Habitus beträchtlich variiert. So schwankt die Zahl der Rippen zwischen 5 und 9, auch die Bestachelung ist an sterilen und fertilen Trieben unterschiedlich.

Lophophora williamsii, die Kultpflanze der mexikanischen Indianer, ist auch ohne magischen Hintergrund ein interessanter Kaktus. Der stachellose Körper mit mehr oder weniger deutlichen Höckern, trägt an den Areolen schmutzigweiße, pinselartige Wollbüschel, die sich im eingesenkten Scheitel verdichten. Dort sitzen die kleinen, blaßrosa Blüten.

Machaerocereus eruca wird nicht zu Unrecht Kriechender Teufel genannt. Als wildbestachelter Bodendecker wird er am Heimatstandort von Mensch und Tier gefürchtet.

Extra-Tip

Der Rauschgiftkaktus enthält das Alkaloid Mescalin, das Halluzinationen mit schlimmen Nachwirkungen bis zu Lähmung und Scheintod hervorruft. Unter europäischen Bedingungen bildet die Pflanze allerdings nur Spuren des Giftes.

Mammillaria

Mammillarie, Warzenkaktus

Mammillaria klissingiana bildet zuerst einen kugeligen, später länglichen Körper. Die kleinen Blüten sind zartrosa und verwandeln sich in rote Früchte, die monatelang die Pflanze zieren.

Mammillaria zeilmanniana war einige Jahre lang ein erster Frühlingsbote im Blumenhandel. Die mehrfachen Kränze violett-purpurroter Blüten waren für viele Liebhaber der Anstoß, sich für Kakteen zu interessieren.

Mammillaria klissingiana

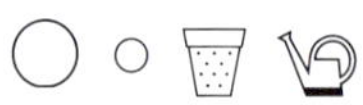

Mammillaria zeilmanniana

Allgemeines: Wer kennt sie nicht, die kleinen kugeligen oder kurzzylindrischen Mammillarien mit dem charakteristischen Blütenkranz? Die Gattung ist in Kultur am meisten verbreitet und stellt die Kakteen, welche im Handel am häufigsten blühend angeboten werden.

Von *Mammillaria* gibt es Spezialliteratur und vielerorts sogar richtige Mammillariengesellschaften, in denen sich Liebhaber dieser reizenden Kakteen zusammengeschlossen haben. Der Name kommt von »*Mamilla*« der Verkleinerungsform des lateinischen *Mamma* = Warze und bedeutet Wärzchen, und eigentlich dürfte die Gattung orthographisch richtig nur ein M haben. Adrian H. Haworth, nach dem übrigens die Haworthien benannt sind, schrieb jedoch 1812 bei Aufstellung der Gattung fälschlicherweise zwei M nieder, ein Fehler, der nach der Internationalen Botanischen Nomenklatur nun beibehalten werden muß.

Die Heimat der Mammillarien reicht von den Südstaaten der USA über Mexiko, Guatemala, Honduras, Venezuela bis nach Kolumbien.

Die über 300 einzeln bis rasenförmig wachsenden Arten sind ungemein vielseitig in Form und Farbe der Bestachelung. Gemeinsam ist allen, daß anstelle der Rippen die Warzen (Mamillen) treten, die regelmäßig oder in sich überschneidenden Spiralen angeordnet sind.

Aus den Axillen, den Vertiefungen zwischen den Warzen des Vorjahres (nicht im Scheitel!) erscheinen kranzförmig die Blüten. Die Axillen sind kahl, bei vielen Arten, besonders in der Blühzone, wollig behaart oder beborstet.

Auch die Areolen sind oft mit Filz oder Wolle besetzt, vor allem auch der Scheitel. Für manche Arten typisch sind ringförmige Wollzonen in der Blütenregion. Die Varianten der Stacheln reichen von gerade, gebogen oder hakig, fein oder derb, glatt oder rauh, lang oder kurz, abstehend oder anliegend, weich oder steif bis haarartig oder gefiedert.

Die Blüten sind groß oder klein und weiß, gelb oder rot gefärbt. Sogar die in der Regel grünen Früchte sind oftmals korallenrot gefärbt und zieren auch die nichtblühende Pflanze.

Mammillaria geminispina

Mammillaria schiedeana

Mammillaria geminispina heißt »die Doppelstachelige« und sieht auch recht gefährlich aus mit den steifnadeligen, bis 2 cm langen Mittelstacheln.

Mammillaria schiedeana nennt man auch Goldmammillarie wegen der oft goldgelben, strahligen Randstacheln und der weißen bis gelben Axillenwolle. Die kleinen Blütchen entsprechen in der Farbe diesem Gesamteindruck und fallen kaum auf.

Pflege: Einfach. Wunderbare Anfängerkakteen. Mammillarien blühen willig Jahr für Jahr. Der Standort sollte hell, sonnig bis halbschattig sein. Eher sparsam gießen, Staunässe vermeiden. Überwinterung hell, trocken, ziemlich kühl. Ein mineralisches, sandig-kiesiges, nährstoffreiches Substrat ergibt kräftige bunte Stacheln und Haare. Vermehrung durch Sprossen oder Samen problemlos, einige Arten pfropft man.

Arten: *M. albicoma*, klein mit weißwolligen Axillen, grünlichgelbe bis weiße Blüten.

M. aurihamata, kugelig, sprossend, schwefelgelbe Blüten, rote Früchte.

M. bocasana, gruppenbildend, weißliche Haare, gelbliche Blüten, auffallend rote Früchte.

M. boolii, rosa Blüten mit grünlichen Narben, orangefarbene Früchte.

M. brauneana, weißwollige und -borstige Axillen, violette Blüte, karminrote Früchte.

M. densispina, dichtbestachelte Kugel mit fuchsrot gespitzten Mittelstacheln, innen gelbe, außen rötlichgelbe Blüten, rote Früchte.

M. elongata, dünn-zylindrische, kolonienbildende Körper, anliegende gelbe bis rötliche Stacheln, weißlichgelbe Blüten, rote Früchte.

M. geminispina, große Polster aus kugeligen oder zylindrischen Körpern, weiß bestachelt, cremefarbene Blüten mit roter Mitte, rote Früchte.

M. gracilis, stark sprossende kleine Pflanze, körperbedeckende weiße Stacheln, gelblichweiße Blüten, gelblichrote Früchte.

M. schiedeana, gruppenbildend mit dicker Rübenwurzel, weißliche Blüten im Herbst.

M. zeilmanniana, die bekannteste Art, blüht besonders reich in scheitelnahen Kränzen. Blütenfarbe violettkarminrot, purpurrosa oder weiß.

Weitere Arten: *M. herrerae*, *M. insularis*, *M. klissingiana*, *M. kunzeana*, *M. leona*, *M. longiflora* (syn. *Krainzia longiflora*), *M. matudae*, *M. microhelia* (syn. *Leptocladodia microhelia*), *M. mystax*, *M. neocoronaria*, *M. plumosa*, *M. prolifera*, *M. sempervivi*, *M. supertexa*, *M. uncinata*, *M. viereckii*, *M. woodsii*.

Extra-Tip

Mammillarien gehören zu den blühwilligsten und dankbarsten Kakteen. Alle Arten können dem Anfänger empfohlen werden.

Matucana

mit Submatucana und Incaica

Matucana-Blüten aus der Nähe

Matucana weberbaueri f. flammea

Eine typische Matucana-Blüte hat einen mehr oder weniger zygomorphen Saum und meist stärker zurückgebogene Hüllblätter. Häufigste Farbe ist ein stark nach Karminrot tendierendes Zinnoberrot.

Die einzige Art mit gelber Blüte ist Matucana weberbaueri. Die Form flammea ist eine züchterische Weiterentwicklung mit allseits gespreizten, langen, gelbbraunen Stacheln.

Allgemeines: In ihrer Heimat Peru findet man die Pflanzen noch in 4500 m Höhe. Die flachkugeligen oder zylindrischen Körper wachsen einzeln mit wenigen Sprossen aus der Basis, selten polsterbildend. Die Rippen sind zierlich, die Stacheln fein oder derb. Die Tagblüten in Rot, Orange, Rosaviolett oder Gelb erscheinen zu mehreren in Scheitelnähe. Staubfäden, Griffel und Narben sind lebhaft gefärbt.

Pflege: Leicht. Diese Kakteen sind wüchsig, anspruchslos und blühwillig. Der Standort sollte hell, luftig und sonnig, notfalls auch halbschattig sein. Im Sommer mäßig gießen und ausreichend düngen. Überwinterung hell und kühl. Das Substrat sollte leicht sauer und durchlässig sein.

Arten: *M. breviflora*, einzeln, kugelig, Stacheln bräunlich bis purpurn, karminrote Blüten.
M. cereoides, säulig, weiße Rand-, schwarzgespitzte Mittelstacheln, rote Blüten.
M. comacephala, kugelig bis zylindrisch, körperverhüllende rahmfarbene Stacheln, rote große Blüten.
M. crinifera, Blüten unten weiß, oben rot.
M. haynei, kugelig bis zylindrisch, dunkle Stacheln, scharlachrote Blüten.
M. hystrix, dunkelkarminrote Blüten mit gelben Staubbeuteln.
M. multicolor, Stacheln weiß bis schwarzviolett, karminrote Blüten.
M. variabilis weiße Stacheln, karminrote, *M. weberbaueri*, zitronengelbe Blüten.
M. (Submatucana) *paucicostata*, bis 15 cm hoch, graue gebogene Stacheln, dunkel-zinnoberrote, violett gerandete Blüten.
M. (Submatucana) *ritteri*, bis 15 cm hoch, braune gebogene Stacheln, zinnober-karminfarbene Blüten.
Incaica aureiflora, bis 30 cm hoch, sehr derbe, angedrückte, gelbe bis bräunliche Stacheln, gelbe Blüten.

In der Systematik wird Matucana neuerdings auch zu Oreocereus gestellt.

Melocactus

Melonenkaktus

Melocactus maxonii

Melocactus maxonii, ein kleiner, breitkugeliger Melokaktus, hat auch nur ein relativ kleines und flaches Cephalium, von dessen rotbrauner Beborstung sich die kleinen, rosaroten Blüten kaum abheben.

Allgemeines: Melocacteen gehören zu den seit Beginn der Neuzeit bekannten Kakteen, sind in Mittelamerika und Brasilien verbreitet und sehr wärmeliebend. Die kugeligen, manchmal länglichen Körper haben ausgeprägte Rippen und sind stark bestachelt. Im Alter von etwa 7 Jahren stellen die Pflanzen ihr vegetatives Wachstum ein und bilden ein kompaktes, borstigfilziges *Cephalium*, das über 1m hoch werden kann. Aus ihm kommen die kleinen, rötlichen Blüten.

Pflege: Sehr schwierig. Sonnig, mit warmem Boden, feuchtwarmer Luft in einem sehr großen, breiten Gefäß halten. Wenig gießen, häufig mit entkalktem, zimmerwarmem Wasser sprühen. Im Winter nicht ganz austrocknen lassen, warm stellen. Saures, sandiges Substrat.

Arten: *M. communis*, purpurbraunes Cephalium, dunkelrosa Blüte, *M. fortalezensis*, rotborstiges Cephalium, karminrote Blüte. *M. glaucescens*, weißliches Cephalium, rote Blüte. *M. maxonii*, braunborstiges Cephalium, rosa Blüte, nicht so wärmebedürftig.

Monvillea

Monvillea cavendishii

Allgemeines: Diese sehr dankbaren Säulenkakteen aus dem nördlichen und mittleren Südamerika haben viele Wuchsformen: aufrecht, niederliegend, sogar kletternd. Sie sind blühwillig und wachsen schnell und üppig. Schon Triebe von 1 m Länge tragen große, weißlichgrüne Blüten, die sich nachts öffnen.

Pflege: Leicht. Monvilleen brauchen aber viel Platz. Nicht prallsonnig, lieber halbschattig und warm und in gut feuchter, nahrhafter, humoser Erde halten. Auch im Winter nicht ganz austrocknen lassen und nicht zu kühl stellen. Vermehrung durch Stecklinge.

Arten: *M. cavendishii*, aufrecht klimmende oder gebogene Triebe mit weißlichen Randdornen. Blüten etwa 10 cm lang, weiß.

M. haageana mit bläulichgrünen, sich verzweigenden Trieben und kurzen Stacheln, Blüte grünlichweiß.

M. spegazzinii, dreikantige Triebe, weiße Blüte mit purpurnen Kronblättern.

Morawetzia

Morawetzia doelziana

Allgemeines: Morawetzien verzweigen sich basal und wachsen breitbuschig mit Trieben, deren Enden vor der Blüte keulenartig anschwellen. Das cephaliumähnliche Gebilde am Triebende ist wollig und borstig. Die gelben bis braunen Stacheln werden 4 cm lang, die bläulich-karminroten Blüten bis 10 cm lang. Die gelbgrünen Früchte sind hohl.

Pflege: Leicht. Die sehr willig blühenden Pflanzen möchten unter Glas stehen, warm und sonnig, über Mittag etwas beschattet. Ausreichend feucht halten, in der Winterruhe fast trocken und bei 8-16°C. Substrat nährstoffreich und leicht sauer. Vermehrung durch Samen, Pfropfen nicht nötig.

Arten: *M. doelziana* mit blaukarminroten Blüten.

M. sericata mit langer weißwolliger Bahaarung, ohne Borstenschopf, zinnoberrote Blüten.

Myrtillocactus

Myrtillocactus geometrizans

Allgemeines: Myrtillocacteen aus Mexiko und Guatemala bilden Büsche mit aufwärts gekrümmten Trieben oder - besonders im Alter - auch Stämme. Die Triebe sind wild bestachelt oder blau bereift. Bis zu neun Blüten erscheinen gleichzeitig. Sie sind tagblühend, klein und grünlich- oder rötlich-weiß. Die blauen heidelbeerartigen Früchte sind eßbar.

Pflege: Leicht. Am besten gedeihen die auch für Anfänger sehr empfehlenswerten Kakteen ausgepflanzt im Grundbeet eines sonnigen, warmen Gewächshauses. Das Substrat sollte nährstoffreich sein und gut feucht gehalten werden. Pflanzen trocken überwintern nicht unter 8° C. Vermehrung durch Stecklinge. Die Blüte ist bei uns selten zu erreichen.

Arten: *M. geometrizans* (Heidelbeerkaktus), im Jugendstadium mit hellblau wachsig bereiften Trieben, rötlichen Randstacheln und einem schwarzen dolchartigen Mittelstachel.

M. schenckii besitzt dicht stehende, bereifte Triebe und lange Stacheln.

Monvillea cavendishii gehört zu einer Gattung mit 19 Arten, die von Brasilien über Venezuela, Ekuador, Peru, Bolivien, Argentinien bis nach Paraguay beheimatet ist.

Morawetzia doelziana galt eine Zeitlang als einzige Art der Gattung. Besonders auffallend sind die 10 cm langen, bläulich-karminroten, schrägsaumigen Blüten.

Myrtillocactus geometrizans wird wegen seiner dunkelrotbraunen bis bläulich-purpurnen, süß schmeckende Früchte auch Heidelbeerkaktus genannt.

Typisch für Neobuxbaumia sind die vielen Rippen; je nach Art bis zu fünfzig. Sie sind dann relativ flach und gerundet.

Die purpurvioletten oder grüngelben bis gelblichrosa, weit offenen Blüten der Neolloydia-Arten sind mit bis zu 6 cm Durchmesser oft breiter als die zylindrischen Triebe.

Alle Neoporteria-Arten haben mehr oder weniger karminrosa Blüten mit schmallanzettlichen, spitzzulaufenden Petalen, die sich erst während des Verblühens entfalten. Bei den manchmal in die Gattung einbezogenen Neochilenia-Arten kommt auch Weiß und Gelb als Blütenfarbe vor.

Neobuxbaumia

Neubuxbaumia polylopha

Allgemeines: Die vielrippigen Säulenkakteen aus Mexiko wachsen einzeln oder kaum verzweigt. Die nachts geöffneten Fledermausblüten (im Scheitel und darunter) sind weißlich bis rötlich gefärbt.
Pflege: Leicht. Standort sonnig und warm. Mäßig feucht halten, Staunässe vermeiden. Zu kühlen, feuchten Stand nehmen die Pflanzen übel. Überwinterung trocken und bei über 10°C. Substrat grobkörnig, kalkfrei, sehr nährstoffreich, durchlässig. Vermehrung durch Samen problemlos, Pfropfung überflüssig.
Arten: *N. mezcalaensis*, gelbe Stacheln, grünlichweiße Blüten, rote Kugelfrüchte.
N. polylopha, bis 50 Rippen, lange helle Stacheln, rote Blüten an alten Säulenteilen.
N. scoparia, Riesenwuchs, verzweigt, langstachlig, rötliche Blüten.
N. tetetzo, riesig, einzelstehend, weiße Blüten, feigenartige Früchte.

Neolloydia

Neolloydia conoidea

Allgemeines: Kugelige bis kurzzylindrische, einzeln oder polsterförmig wachsende, mit Mammillarien verwandte Kakteen aus den USA bis Mexiko. Die Rippen sind warzig aufgeteilt, die großen Blüten erscheinen in Scheitelnähe.
Pflege: Schwierig. Nur für Fortgeschrittene. Standort sehr heiß, vollsonnig,luftig, mit leichtem Sonnenschutz im Hochsommer. Vorsichtig wässern, keine stauende Nässe. Überwinterung trocken und kühl. Substrat mittelschwer, sehr locker, mineralisch (viel Bims oder Perlite), leicht sauer. Nur *N. grandiflora* und *N. matehualensis* brauchen neutrales Substrat. Flache Töpfe oder Schalen verwenden. Für Zimmerpflege pfropfen.
Arten: *N. ceratites*, purpur, *N. conoidea* purpurviolett, *C. cubensis*, gelbgrün, *N. grandiflora*, purpurrosa, große Blüten, *N. matehualensis,* purpur, *N. odorata*, gelblichrosa.

Bei Neolloydia findet man auch die Synonyme Escobaria, Gymnocactus, Rapicactus und Cumarinia.

Neoporteria
mit Neochilenia und Chilenia

Neoporteria villosa

Allgemeines: Die hier beschriebenen Neoporterien sind in Chile verbreitet. Die Gattung wird manchmal aber auch weiter gefaßt. Die meist rundlichen oder kurzzylindrischen Körper werden selten höher als 20 cm. Sie haben deutliche Rippen und sind dicht borstig bestachelt. Die scheitelnahen Blüten sind rot oder karminrosa und erscheinen im Spätherbst oder zu Winteranfang.
Pflege: Schwierig. Im Sommer hell und sonnig, aber mit Schutz vor praller Sonne stellen und ausreichend gießen. Problematisch ist die Überwinterung, weil die Pflanzen leider dann recht nässeempfindlich sind. Das mineralisch-sandige Substrat muß durchlässig und nährsalzreich sein, am besten mischt man z. B. Ziegelsplitt darunter. Ab Oktober bis ins Frühjahr die Pflanzen bei Temperaturen nicht unter 10°C halten und in Ruhe lassen. Für Zimmerpflege sind Neoporterien deshalb wenig geeignet. Vermehrt wird durch Samen.

Nopalxochia

Arten: *N. castanea*, länglicher Körper mit gekerbten Rippen. Areolen zuerst gelbfilzig. Stacheln braunschwarz. Früchte grünlich-rosa.
N. gerocephala (syn. *N. senilis*, *N. multicolor*), kleinkugelig, weiche, wirr verflochtene, dichte, den Körper verhüllende, verschiedenfarbige Stacheln, Blüten 6 cm lang, hellkarmin.
N. litoralis, säuliger Wuchs, Areolen gelblich-filzig, Stacheln gelbweiß bis braunschwarz, karminrosa Blüten.
N. nigrihorrida mit dunkelgraugrünem Körper und anfangs schwarzen, später silbergrauen Stacheln mit hellkarminroten, unten weißen Blüten.
N. rapifera, kurzzylindrischer, dunkelgrüner Körper mit höckerigen Rippen. Areolen schwach wollig, Stacheln besenartig abstehend und gebogen, rosenrote Blüten und kugelige Früchte.
N. subgibbosa, kugeliger Körper, später bis 1 m und mehr lang und 10 cm dick, erst hell, später dann graugrun. Areolen groß, anfangs weißwollig. Etwa 24 derbe, seitwärts gerichtete Randstacheln und 4 steife Mittelstacheln. Die Stacheln sind zuerst bernsteinfarben und verfärben sich später dunkler. Die etwa 4 cm langen Blüten sind karminrosa.
N. villosa, zylindrischer, bis 15 cm hoher, hellgrüner, später dunkelviolettgrüner Körper, Stacheln hell oder grau, rosa bis weiße Blüten.
N. wagenknechtii, bis 30 cm hoher, schwärzlich-graugrüner Körper mit weißlichen bis hellbraunen Randstacheln und dunkelbraunen langen Mittelstacheln. Kleine hellpurpurne Blüten.

Nopalxochia phyllanthoides

Nopalxochia ackermannii

Allgemeines: Die epiphytisch lebenden Kakteen aus Mexiko zeichnen sich durch große, sehr schöne Tagblüten aus und blühen sogar zweimal im Jahr. Die hängenden, blattartig flachen Triebe werden bis 1 m lang. Der eigenartige Name kommt aus dem Aztekischen und setzt sich aus Nopal = Feigenkaktus und xochitl = Blume zusammen.
Pflege: Leicht. Die Pflanzen stehen gern im Halbschatten, im Sommer auch unter Bäumen. Bei warmem Wetter stets für feuchten Wurzelballen sorgen. Hell und etwas feucht überwintern, notfalls auch trocken und frostfrei in einem Keller. Das Substrat muß sehr nährstoffreich und leicht sauer sein. Mistbeeterde oder reifer Kompost mit viel Torf (und Perlite) wäre geeignet. Eine Beimischung von Gips sorgt für das notwendige Kalzium. Die Vermehrung durch Stecklinge ist einfach.
Arten: *N. phyllanthoides* ist die schönste Art: Die langgestielten überhängenden Triebe sind lanzettlich zugespitzt und graugrün, die 10 cm langen Blüten rosa, innen hell- bis rosenrot. Im Handel ist die Spielart 'Deutsche Kaiserin'. Sie wurde zuerst von dem Berliner Gärtner Kohlmannslehner in den Handel gebracht und später zu weiteren Kreuzungen verwendet. Auf Bauernhöfen der Weinbaugebiete findet man betagte Prachtexemplare dieser Spielart, die regelrechte Erbstücke sind.
N. ackermannii, im mexikanichen Chiapas und Oaxaca beheimatet, hat nur kurze Triebstiele und reinrote Blüten. Sie wurde nach dem Kakteenzüchter Georg Ackermann benannt, der die Art 1824 einführte.
Die am meisten verbreiteten »Blattkakteen« sind Hybriden der beiden Wildformen *N. ackermannii* und *N. phyllanthoides*. Häufig in Kultur sind sogenannte Knebelsche Phyllohybriden. Die scharlachrot blühenden haben *N. ackermanii*, die rosafarbenen *N. phyllanthoides* als Elter.

Die zweifarbigen Blüten von Nopalxochia phyllanthoides, dem Aztekenkaktus, bilden sich im oberen Abschnitt der Triebe in jeder Kerbe. Geöffnet sehen sie wie Seerosen aus.

Mehr als handtellergroß sind die ziemlich lockeren, weit geöffneten, scharlachroten Blüten von Nopalxochia ackermannii. Die hellen, langen Staubgefäße geben dazu einen hübschen Kontrast.

Extra-Tip
Hängen Sie Ihre *Nopalxochia* ab Ende Mai zur Sommerfrische in den Obstbaum – das bekommt ihr gut. Aber Gießen nicht vergessen – wenn es nicht regnet!

Notocactus

Buckelkaktus

mit *Brasilicactus*, *Eriocactus* und *Malacocarpus* (syn. *Wigginsia*)

Notocactus ottonis var. vencluianus ist eine der vielen Varietäten der kräftig grünen Typart mit 8-12 runden Rippen. Bemerkenswert sind die gebogenen Enden der Petalen.

Notocactus rutilans hat als klein bleibende Art besonders große Blüten, die auch in der Färbung sehr attraktiv sind: Rosa, zum Schlund hin heller und nach Gelb fließend.

Notocactus ottonis var. vencluianus

Notocactus rutilans

Allgemeines: Die sehr beliebte, dankbare und äußerst blühwillige Gattung der Notokakteen ist in Argentinien, Uruguay und Brasilien beheimatet. Die Pflanzenkörper sind kugelig oder zylindrisch, sprossend, mit vielen gefurchten Rippen, die Bestachelung ist sehr variabel, zart oder derb und verschiedenfarbig. Die zahlreichen, großen, gelben, selten rötlichen Blüten stehen in Scheitelnähe und erscheinen vor allem im Sommer.

Pflege: Leicht. Die meisten Notokakteen sind anspruchslos. Sie stehen gern warm und sonnig, nicht prallsonnig, notfalls auch halbschattig. Das sandig-humose, leicht saure, durchlässige Substrat wird im Sommer immer nur feucht gehalten, Staunässe schadet. Überwinterung trocken und kühl.

Brasilicactus-Arten wärmer halten und lieber sprühen statt gießen. Das gilt auch für *Eriocactus*-Arten, die man im Frühjahr nur langsam an die Sonne gewöhnen muß.

Die wüchsigen, reichblühenden *Malacocarpus*-Arten wünschen dagegen ein sehr nahrhaftes Substrat.

Vermehrung durch Samen. Pfropfen ist nicht unbedingt notwendig. Wer es trotzdem will, nimmt als Unterlage am besten *Trichocereus spachianus* oder *Harrisia jusbertii*.

Arten: *N. apricus* mit hellgrünem, kugeligem Körper und gelblichgrauen Stacheln, gelbe Blüten mit rötlicher Mitte. Der Name weist darauf hin, daß diese Art an sonnigen Plätzen wächst.

N. buenekeri besitzt einen kugeligen, bis etwa 5 cm hohen und 6 cm dicken, kräftig grünen Körper. Die rund 20 Rippen sind kurzwarzig unterteilt, die Areolen grauweißlich. Die bis 23 mm langen, weißlichen Randstacheln sind seitlich verflochten. Die etwa 4 cm langen Blüten glänzen goldgelb und sind reichlich mit dunklen Borsten besetzt.

Extra-Tip

Notokakteen sind ausgesprochen anfängergeeignet – anspruchslos in der Pflege und dabei äußerst blühwillig. Im Handel sind zahlreiche Arten.

Notocactus haselbergii

Notocactus leninghausii

Notocactus mammulosus

Notocactus haselbergii ist eine bemerkenswert hübsche Art: Ein dichter, gelblich-weißer Pelz aus feinen Stacheln wirkt als Hintergrund für die relativ kleinen, aber zahlreichen, feuer- bis orangeroten Blüten.

Notocactus leninghausii (syn. Eriocactus leninghausii) wird mit zunehmendem Alter immer mehr zur Säule mit schrägem Scheitel. Die Blüten sind unauffällig gelbgrün.

Notocactus mammulosus ist eine kräftig bestachelte Art mit stark weißwolligen und braun- oder schwarzborstigen, bis 4 cm langen Knospen.

N. haselbergii (syn. *Brasilicactus haselbergii*) mit hellen Borstenstacheln umsponnener, flachkugeliger, kleiner Körper, der Scheitel wendet sich zum Licht, kleine rote bis gelbrote Blüten in großer Zahl.
N. herteri kugeliger, etwas verlängerter Körper, biegsame Stacheln auf gehöckerten Rippen, purpurrote Blüten.
N. leninghausii (syn. *Eriocactus leninghausii*), kugeliger, später kurzsäuliger Körper mit Sproßbildung an der Basis und goldbrauner, im Scheitel schopfartiger Bestachelung. Große, außen grünliche, innen zitronengelbe Blüten.
N. ottonis (mit vielen Varietäten), kräftig grüner flachkugeliger Körper, stachelloser eingesenkter Scheitel, glänzend tiefgelbe Blüten mit dunkelroten Narben.
N. roseoluteus, Körper kupfergrün, Scheitel weißwollig. Stacheln hellbraun. Die Blüten sind glockenförmig, bis 8 cm groß, hell-lachsrot mit dunklerem Mittelstreifen.
N. rutilans bleibt besonders klein, nur 5 cm hoch, mattgrüner Körper mit spiraligen Rippen und braunroten Stacheln, rosakarminfarbene Blüten mit cremegelbem Schlund.
N. schumannianus (syn. *Eriocactus schumannianus*) wächst auf den Granit- und Sandsteinblockhalden inmitten des paraguayanischen Regenwaldgebietes. Sein Körper ist dort dicht mit roten und gelben Strauchflechten überwachsen – ein Zeichen für die hohe Luftfeuchtigkeit. *N. schumannianus* besitzt einen anfangs breitrundlichen Körper, gelbliche bis bräunliche Dornen und große gelbe Blüten. Seltener in Kultur und schwierig zu halten.
N. scopa mit zylindrischem, 10 cm hohem, frischgrünem Pflanzenkörper, der ganz von dünnen weißen Randstacheln bedeckt ist, kräftigen, farblich variierenden, rötlichen, braunroten, braunen oder schwarzen Mittelstacheln, hellschwefelgelben Blüten.
N. uebelmannianus bildet bis 18 cm große flache Kugeln mit glänzend dunkelgrünen gehöckerten Rippen, weißwolligen Areolen und angedrückten Stacheln, sehr große glänzend weinrote bis violettrote Blüten.

Weitere sehr beliebte und leicht erhältliche Buckelkaktus-Arten

Art	**Blüte**	**Wuchshöhe (cm)**	**Bemerkungen**
Notocactus (Malacocarpus) buiningii	groß, gelb, purpurrote Narben	bis 8	bis zu 16 Rippen in scharfkantige Höcker gegliedert
Notocactus concinnus	kanariengelb, 7 cm lang	6	gelblich-bräunliche Stacheln
Notocactus floricomus	gelb	bis 30	graue, feste Stacheln
Notocactus (Brasilicactus) graessneri	grünlichgelb bis hellgrün	bis 10	gelbbraune oder dunkelgoldgelbe Stacheln
Notocactus (Eriocactus) magnificus	gelb, sehr groß	bis 15	schmalkantige Rippen, weiße bzw. goldgelbe Stacheln
Notocactus submammulosus var. *pampeanus*	gelb mit purpurnen Narben	ca. 10	glänzend dunkelgrüner Körper, kräftige, abstehende Stacheln
Notocactus tabularis	glänzendgelb	bis 8	helle, braungespitzte Stacheln
Notocactus mammulosus	kanariengelb	bis 10	18-20 Rippen mit kräftig vorspringenden Kinnhöckern

Opuntia

Opuntie, Feigenkaktus

Diese herrlichen, zweifarbigen Blüten gehören Opuntia azurea, einer auch sonst beachtenswerten Art mit blaugrün bereiftem Körper und schwärzlichen Stacheln.

Frei ausgepflanzt, das heißt ganzjährig im Steingarten, brauchen auch sogenannte winterharte Opuntia-Arten in unseren Breiten schon extrem milde Lagen. Zusammen mit anderen Sukkulenten wären sie andererseits eine exotische Bepflanzungsalternative.

Opuntia azurea

Allgemeines: Das ursprüngliche Verbreitungsgebiet der Opuntien reicht von Kanada bis Argentinien. Verwildert wachsen sie heute im Mittelmeerraum, auf den Kanaren, in Südafrika, Australien und Indien, zum Teil als »Landplage«. Sie bewohnen Küstenwüsten genauso wie Schneeregionen. Deshalb kann man bedingt winterharte Arten bei uns ganzjährig im Freien halten.

Die Formenvielfalt der zeitweilig zylindrische Blätter tragenden Opuntien reicht von Zwergkakteen und Polsterbildung bis zu strauch- und baumförmigen Pflanzen.

Die gegliederten Sprosse sind zylindrisch bei *Cylindropuntia*, flach und blattartig bei *Platyopuntia*, in walzige Glieder kugelig unterteilt bei *Tephrocactus*. Die Stacheln vieler Arten sind mit gefährlichen Widerhaken versehen.

Die meist röhrenlosen Blüten erscheinen an den Sproßkanten. Bestimmte Arten blühen sehr reich und in kräftigen Farben. Die Früchte sind oft eßbar, zum Beispiel die Kakteenfeigen von *O. ficus-indica*, die zu den Platyopuntien, der artenreichsten Gattung, gehört.

Winterharte Opuntien im Steingarten

Pflege: Leicht. Kleinbleibende Arten können unter Glas, größere als Kübelpflanzen im Sommer im Freien an einem sehr heißen und sonnigen Platz gehalten werden. Opuntien brauchen viel Wasser, besonders die Cylindropuntien. Nachtkühle ist günstig.

Überwintert wird hell, nicht zu kühl und ganz trocken.

Das Substrat sollte mineralisch, mit reichlich Lehm und Nährsalzen sein. Starkes Nachdüngen ist unerläßlich.

Opuntien, die ganzjährig draußen bleiben, brauchen Südlagen, durchlässigen Boden und einen Winterschutz aus Reisig oder Lochfolie ab Dezember. Vermehrung durch Stecklinge.

Arten: Siehe Tabelle rechts. Zu den winterharten gehören:

O. rhodantha, stark verzweigt, bis 30 cm, eiförmige Triebe, Blüten purpurrosa, orange oder gelb.

O. vulgaris, baumartig-strauchig, bis 6 m, dünne, glänzend-frischgrüne, breitovale Triebe, Blüten schwefelgelb.

O. camanchica, niedrig, Blüten gelb, orange.

O. polyacantha, liegend buschig verzweigt, Triebe dünn, umgekehrt eiförmig, Blüten gelb, orange.

Extra-Tip

Achtung: Die gefährlichen Stacheln vieler Arten sind mit Widerhaken versehen. Besonders unangenehm sind die leicht abbrechenden, sich in der Haut verhakenden Glochidien. Vorsicht ist auch bei den Hosenstacheln tragenden Arten von Cylindropuntia angebracht.

Opuntia microdasys

Opuntia leucotricha

Opuntia tunicata

Von Opuntia microdasys, der kleinborstigen Opuntie, gibt es zahlreiche Varietäten, die sich u.a. in der Farbe der Glochidien unterscheiden.

Opuntia leucotricha heißt eingedeutscht die weißhaarige Opuntie. Im Alter werden die bis zu 8 cm langen Stacheln elastisch-weich und sehen dann Haaren etwas ähnlich.

Opuntia tunicata sieht nicht nur gefährlich aus; den bis zu 5 cm langen, steifen, in weißen, dünnen Scheiden steckenden Stacheln sollte man besser nicht zu nahe kommen.

Cylindropuntien *(Opuntia, Cylindropuntia, Austrocylindropuntia)*

Art	Blütenfarbe	Wuchsform	Bemerkungen
Opuntia (C.) bigelowii, Teddybäropuntie	violettkarmin, gelb oder grüngelb mit Purpurfleck	strauchig, bis 1 m hoch	gelblichweiße Stacheln
Opuntia (C.) imbricata	purpurn	baumförmig, bis 3 m hoch	braune Stacheln
Opuntia (C.) leptocaulis	grünlichgelb	buschig, bis 2 m hoch	sehr dünne, frischgrüne Triebe, kaum Stacheln
Opuntia (A.) clavarioides	gelbbräunlich	klein, geweihartig verzweigt	winzige Stacheln
Opuntia (A.) verschaffeltii	kräftigrot	niedrig, vieltriebig, bildet dichte Klumpen	gelbliche, fast borstenweiche Stacheln
Opuntia (A.) subulata	rötlich bis rot	sperrig-strauchig, bis 4 m hoch	lange, hellgelbliche, pfriemlige Stacheln
Opuntia (C.) tunicata	gelb	niedrig-buschig	Stacheln rötlich, bis 5 cm lang
Tephrocactus			
Tephrocactus alexandri	rosaweiß	kugelig, gegliedert, graugrüne Körper	weiße, dunkelspitzige Stacheln
Tephrocactus articulatus var. papyracanthus Papierschnitzelkaktus	weiß-rosa	buschig, länglich-runde Triebe, braune Glochiden	reinweiße, bandartige Stacheln
Tephrocactus dactyliferus	orangegelb	polsterförmig	rot-gelbbraune Stacheln
Tephrocactus floccosus, Woll- oder Andenkaktus	gelb oder orange	Triebe (ca. 10 cm lang) bilden hochrunde Polster bis 2 m Ø	Triebe dicht in weiße Wolle gehüllt
Platyopuntien			
Opuntia aurantiaca	orange	dicht-buschig, 15-30 cm hoch	borstig-dünne, schmutzig-bräunliche Stacheln
Opuntia atrispina	gelb	niedrig, strauchig, bis 60 cm hoch	hellgrüne Triebe, bis 15 cm breit
Opuntia azurea	tiefgelb mit roter Mitte	kurzer Stamm, darüber spreizend verzweigt	Triebe fahl blaugrün
Opuntia basilaris	purpurrötlich	niedrig, basal aufrecht verzweigt	Triebe graublaugrün
Opuntia decumbens	dunkelgelb	niedrig bis kriechend, ca. 40 cm hoch	Triebe oval, feinsamtig
Opuntia elata	orange	aufrecht-strauchig , bis über 1 m hoch	Triebe kräftig grün, dick, 25 cm lang, 15 cm breit
Opuntia humifusa	schwefelgelb	kriechend	Triebe dunkelgrün, fast kreisrund
Opuntia hystricina	orange oder rosa	liegend, spreizend	Triebe kreisrund ca. 6 cm Ø
Opuntia marnierana	orange-rötlich	niedrig-buschig	blaugrüne Triebe, dunkelbraune Glochidien
Opuntia microdasys	reingelb	buschig bis höchstens 60 cm hoch	blassgrüne, stachellose bis 15 cm lange Triebe, gelbe Glochidien; mit zahlreichen Zuchtformen
Opuntia microdasys var. rufida	gelblich	Triebe deutlicher länglich-oval	kräftig grün, bräunliche Glochidien

Oreocereus celsianus (syn. Oreocereus neocelsianus) erkennt man an den steif pfriemlichen Randstacheln um die 1-4, sehr kräftigen, bis 8 cm langen, gelblichen bis rotbraunen Mittelstacheln, die aus den strähnig verflochtenen, grauweißen Areolenhaaren herausragen.

Oroya neoperuviana hat zwar sehr hübsche, etwa 2 cm große Blüten, die zu mehreren aus dem Scheitel erscheinen, ist aber leider nicht sehr blühwillig.

Pachycereus pringlei ist im Jugendstadium mit der ebenmäßigen, weiß-schwarz-gespitzten Bestachelung auf starken Rippen eine dekorative Säule, die jedem Kakteen- oder Sukkulentenensemble einen kräftigen Akzent geben kann.

Oreocereus

Oreocereus celsianus

Allgemeines: Diese dicht, lang und farbig behaarten Säulenkakteen zählen zu den schönsten Cereen. Sie wachsen bis 4000 m Höhe in den Hochgebirgen Südamerikas. Die Körper werden in Gruppen bis 1 m, säulig bis 3 m hoch. Oreocereen bringen rosa bis rote Blüten hervor, die in Kultur kaum erscheinen.
Pflege: Schwierig. Nur unter Glas zu halten, nicht am Fensterbrett. Vollsonnig stellen, tagsüber warm, nachts kühl. Oreocereen brauchen Temperaturunterschiede zwischen Tag und Nacht! Mäßig gießen, am Abend sprühen. Überwinterung trocken, nachts kalt, tags bei 10°C. Nährstoffhaltiges durchlässiges Substrat. Vermehrung durch Samen und Pfropfung der Sämlinge und Jungpflanzen.
Arten: *O. celsianus*, versponnene Areolenhaare, lange gelblichrote Stacheln.
O. trollii, 50 cm hoch, feine, vollständig umhüllende Haare.
O. ritteri,schneeweiße Haare.
O. variocolor, fast unbehaart mit bunten Stacheln.

Oroya

Oroya neoperuviana

Allgemeines: Kakteen dieser Gattung wachsen wie die Oreocereen in den Hochgebirgen der Anden. Die kugeligen Körper sitzen oft tief in der Erde. Die Stacheln sind in Form und Farbe sehr verschieden. Die kleinen, rötlichen oder gelben Blüten entstehen im Scheitel.
Pflege: Schwierig. Nur für Fortgeschrittene. Standort sehr hell und sonnig unter Glas mit Tag-Nacht-Temperatur-Gegensätzen. Überwinterung sehr kalt und trocken. Substrat aus je 1/3 Humus, Sand und Lehm, sehr durchlässig, nahrhaft und mäßig feucht. Vermehrung durch Samen. Pfropfung läßt die Pflanzen schneller wachsen.
Arten: *O. borchersii*, Körper in dichte gelbe oder fuchsrote Stacheln eingehüllt, zitronengelbe Blüten.
O. peruviana, flachkugelig mit roten Blüten.

Pachycereus

Pachycereus pringlei

Allgemeines: Die in Mexiko beheimateten, riesigen Säulenkakteen wachsen in Kultur recht langsam, sind aber bereits jung sehr attraktiv. Sie blühen am Heimatstandort mit glockigen weißen oder rosa Tagblüten.
Pflege: Schwierig. Standort feucht und warm, nur vorsichtig gießen und für gute Drainage sorgen! Auch im Winter relativ warm und trocken halten. Substrat durchlässig, nährstoffreich, leicht sauer. Vermehrung durch Samen.
Arten: P. *chrysomallus* (syn. *Mitrocereus fulviceps*) und *P. pringlei* mit weißen, schwarzgespitzten Stacheln.
P. marginatus mit perlenkettenartig zusammenfließenden filzigen Areolen.

Pachycereus steht als Synonym auch für Marginatocereus und Mitrocereus.

Parodia

Parodie

Parodia chrysacanthion

Parodia sanguiniflora

Parodia chrysacanthion-Blüten sind echte Frühlingsboten. Aber auch ohne Blüten sind die von borstenfeinen, stechenden, brüchigen, goldgelben Stacheln umsponnenen, breiten Kugelkakteen auffallende Schönheiten.

Parodia sanguiniflora, graubraun bestachelt, junge Areolen weißlich, wollfilzig, schiebt ganze Büschel blutroter, glänzender Blüten aus dem Scheitel.

Allgemeines: Parodien gehören ohne Zweifel zu den schönsten Kugelkakteen Südamerikas! Viele der kleinbleibenden, einzeln wachsenden oder gruppenbildenden Arten wurden erst in den zwanziger Jahren unseres Jahrhunderts entdeckt. Die meisten sind recht anspruchslos, blühen aber schon nach 3-5 Jahren regelmäßig und reich. Die Bestachelung ist vielgestaltig und -farbig. Die Rippen sind spiralig angeordnet, in Warzen aufgelöst, die Mittelstacheln gerade, gebogen oder hakig und oft lang. Die prächtigen roten, orangefarbenen oder gelben Blüten kommen zu mehreren in Scheitelnähe und bleiben einige Tage offen.

Pflege: Leicht. Für Anfänger geeignet. Standort für die derb bestachelten, lichtbedürftigen Arten unter Glas, die feinstacheligen gedeihen auch auf dem Fensterbrett. Während der Wachstumszeit sonnig und luftig stellen, regelmäßig gießen, zu lange Trockenheit schadet ebenso wie zuviel Nässe. Nicht sprühen! Überwintert wird trocken und bei 4-8°C. Substrat leicht humos, nahrhaft und schwach sauer mit etwas Sand, Perlite oder Bimskies für die feinstacheligen, für die derbstacheligen mineralischer.

Arten: *P. aureispina*, klein, goldgelbe Blüten.
P. brevihamata, zierlich, gelbblühend.
P. camargensis, 25 cm hoch, karminrote, behaarte Blüten.
P. chrysacanthion, breitkugelig, gelbblühend.
P. comarapana mit orangegelben Blüten.
P. comosa, ockergelbe Blüten.
P. faustiana, Blüten außen scharlach, innen gelb.
P. maassii, kurzzylindrisch, kupferrote Blüten.
P. procera, zitronengelbe Blüten.
P. sanguiniflora, glänzend blutrote Blüten.
P. schwebsiana, burgunder- bis rostrote Blüten.
P. tilcarensis, bronze- bis blutrote Blüten.
P. schuetziana, rote Blüten.

Extra-Tip

Parodia aus Samen zu ziehen ist schwierig, weil die Samen extrem klein sind. Durch Pfropfen kann das Wachstum der Sämlinge beschleunigt, das der wurzelempfindlichen Arten wie *Parodia nivosa, P. brevihamata, P. gigantea* abgesichert werden.

Pelecyphora aselliformis mit den flachen, seitlich zusammengedrückten Warzen auf denen, kammförmig anliegend, die kurzen Stacheln sitzen, ist ein Schmuckstück jeder Kakteensammlung.

Pereskia (syn. Peireskia), als primitivste Kakteengattung angesehen, hat, wie die Art Pereskia aculeata beweist, durchaus reizvolle Blüher. Leider eignen sie sich nicht für die Zimmerpflege.

Pereskia grandifolia, eine großblättrige Art mit bis zu 5 cm langen, schwarzen Stacheln, trägt am Zweigende nur wenige Blüten.

Pelecyphora

Beilträger

Pelecyphora aselliformis

Allgemeines: Die kleinen kugeligen Kakteen mit den beilförmigen, das heißt seitlich zusammengedrückten, langgezogenen Warzen und den auf den länglichen Areolen kammartig angeordneten Stacheln sind in Mexiko beheimatet. Die Pflanzenkörper sitzen mit einem rübenartigen Basalteil tief in der Erde und haben keine erkennbaren Rippen. Die Blüten stehen im Scheitel.

Pflege: Schwierig. Standort warm und sonnig, im Winter trocken und bei 10°C. Substrat rein mineralisch, sandiglehmig, gut wasserdurchlässig. Pfropfung empfehlenswert.

Arten: *P. aselliformis*, Bestachelung asselartig (Asselkaktus), Blüten karminrot. *P. pseudopectinata* (syn. *Normanbokea pseudopectinata*) Blüten weiß bis rosa. *P. valdeziana*, Blüten hellviolett.

Pereskia

syn. Peireskia

Pereskia aculeata

Pereskia grandifolia

Allgemeines: Die strauch- und baumförmigen, auch kletternden Pereskien sehen aus wie Laubgehölze. Wie diese haben sie holzige Zweige mit Blättern, die abfallen oder grün bleiben, aber auch Areolen mit Stacheln wie Kakteen. Ihre Heimat umfaßt Florida und das tropische Amerika, wo einige Arten auch in feuchtwarmen Regenwäldern leben. Man unterscheidet klein- und großblütige Arten, einige tragen süßlich duftende Blüten. Die Gattung wurde nach N. C. F de Peiresc benannt, der 1580 - 1637 lebte. Übrigens: Die auf den ersten Blick sehr ähnlich aussehende Gattung *Pereskiopsis* gehört von der botanischen Systematik her nicht zu *Pereskia*, sondern ist wegen ihrer Glochidien, der größeren harten behaarten Samen und wegen ihres Blütenbaus mit den Opuntien enger verwandt.

Pflege: Leicht. Anspruchslose Anfängerpflanzen. Frei im Gewächshaus ausgepflanzt, wachsen und blühen Pereskien am besten. Sie stehen gerne sonnig bis halbschattig und luftig. Im Sommer wird regelmäßig gegossen, im Winter weniger. Staunässe vermeiden! Überwinterung hell und warm. Ganz wichtig sind Nährstoffe, die im Substrat reichlich enthalten sein sollten. Vermehrung durch Samen und Zweigstecklinge.

Arten: Kleinblütige strauchige Arten: *P. aculeata* (Laubkaktus) mit weißen, blaßgelben oder rosa Blüten, *P. diaz-romeroana, P. humboldtii, P. vargasii* mit leuchtend roten oder orangefarbenen Blüten. Großblütige (bis 8 cm Durchmesser) und großblättrige Arten: *P. bahiensis*, hellkarminrote Blüten, *P. autumnalis* (syn. *Rhodocactus autumnalis*) mit orangenfarbigen Blüten, *P. grandifolia* (syn. *Rhodocactus grandifolius*) mit rosa Blüten und *P. saccharosa* (syn. *Rhodocactus saccharosa*).

Extra-Tip

Pereskien sind die merkwürdigsten Kakteen. Sie sind im Laufe der Evolution »steckengeblieben«. Einerseits besitzen sie noch Blätter wie andere zweikeimblättrige Blütenpflanzen, andererseits schon Areolen und Dornen wie die weiterentwickelten anderen Kakteen.

Pfeiffera

Pfeiffera ianthothele

Allgemeines: Die Gattung *Pfeiffera* ist bei uns nicht sehr bekannt. Die kleinen, buschigen Pflanzen wachsen epiphytisch, meist ohne Luftwurzeln. Die Triebe tragen an wenigen Rippen dünne, borstige Stacheln. Die recht kleinen Blüten erscheinen am Tag, die Früchte sind stachelig beerenartig und eßbar.

Pflege: Relativ leicht. Standort im Sommer wie im Winter recht warm, aber nicht vollsonnig. Bei trockener Zimmerluft oft mit entkalktem Wasser nebeln. *Pfeiffera*-Arten sind sehr kalkempfindlich, selbst ein neutraler pH-Wert wird nicht vertragen. Saures Substrat aus Torf, Lauberde, Perlite, Kompost und Holzkohlengrus ist ideal. Wegen des starken Wachstums Pflanzen mit einem eher stickstoffhaltigen Dünger versorgen.

Arten: *P. erecta*, dünne Triebe mit weißen Areolen, Stacheln und Blüten.

P. ianthothele, blaßgrüne, bis 40 cm lange Triebe, Blüten außen purpurrot oder rosa, innen weiß.

Pilosocereus

syn. Pilocereus

Pilosocereus palmeri

Allgemeines: Die Arten der im tropischen Amerika verbreiteten umfangreichen Gattung sind wegen ihrer leuchtend blaugrün oder blau bereiften, baum- oder säulenförmigen Körper besonders begehrt. Die glockigen Blüten kommen aus wolligen Areolen von Blühzonen (Pseudocephalien) und öffnen sich nachts.

Pflege: Schwierig. Nur für Fortgeschrittene. Standort unter Glas, sonnig und sehr warm, am besten frei ins Grundbeet pflanzen. Im Sommer für hohe Luftfeuchtigkeit und ständige Substratfeuchte sorgen. Substrat locker, leicht sauer. Überwinterung bei mindestens 14-20°C, nachts nicht unter 10°C.

Arten: *P. maxonii*, blaubereift, weißbehaart, purpurrote Blüten.

P. palmeri (syn. *Cephalocereus palmeri* (Haarsäulenkaktus), bläulich bereift, mit Wollhaube in Scheitelnähe und dicht geballter Areolenwolle, Blüten rosa bis purpurn.

Rauhocereus riosaniensis

Rauhocereus riosaniensis

Allgemeines: Von diesem Kaktus aus Peru gibt es nur eine Art sowie die Varietät var. *jaenensis*. Der Pflanzenkörper besteht aus einem meterhohen dicken Stamm und verzweigt sich mit relativ dicken, bläulichgrünen, höckerig quergefurchten Trieben. Die langen Stacheln sind anfangs unten hellrot, oben gelb, später werden alle weißgrau. Die weißen, glockigen Blüten sind bis 10 cm lang und ziemlich dicht beschuppt. Sie öffnen sich nachts. Die eiförmigen Früchte haben eine himbeerrote Farbe.

Pflege: Schwierig. Standort vor allem sehr warm und hell, jedoch ohne pralle Sonne. Mäßig gießen. Überwinterung nicht unter 12°C und bei geringer Luftfeuchte. Vermehrung durch Samen. Sämlinge im Saatbeet müssen vor Veralgen und Verkalken geschützt werden.

Rauhocereus ist heute zu Weberbauerocereus zu stellen.

Pfeiffera ianthothele ist eine Art, die man bei Liebhabern sehr selten findet. Das liegt sicher nur an der Schwierigkeit der Kulturführung.

Pilosocereus palmeri entwickelt seine Schönheit erst in reiferem Alter. In der Jugend ist er, wie die Abbildung zeigt, eher unscheinbar.

Rauhocereus riosaniensis hat eigenartige, glockig-trichterige, dicht beschuppte Nachtblüten mit radförmigem Saum.

Rebutia

mit Aylostera und Mediolobivia
Rebutie

Deutlich erkennt man, daß, wie bei allen Rebutien, auch bei Rebutia krainziana die Blüten in reicher Zahl tief unten aus dem Körper kommen.

Die kleinen, zierlichen Rebutia-Arten gehören zu den dankbarsten Fensterbrettkakteen. Obwohl die einzelne Blüte nicht lange hält, hat man an der Vielzahl der sich nach und nach öffnenden Knospen einige Wochen Freude.

Rebutia krainziana

Kleine Rebutiensammlung

Allgemeines: Rebutien haben ihren Namen von dem französischen Weinbauern und Kakteengärtner Pierre Rebut (1830 - 1898) aus Chazay d'Azergues bei Lyon. Er erhielt von dem Generalarzt Dr. Weber, der im vorigen Jahrhundert einer der besten Kakteenkenner war, die ersten Exemplare der später nach ihm benannten *Rebutia minuscula*. Rebutien sind in Nordargentinien und Bolivien verbreitet und wachsen dort noch in 3500 m Höhe. Alle sind niedrig, gedrückt-kugelig mit vielen Sprossen aus der Basis. Statt Rippen haben die Pflanzen häufig spiralig angeordnete Warzen. Die Stacheln sind dünn und hell, die Tagblüten oft so zahlreich, daß sie die ganze Pflanze bedecken und sehr farbenfroh.

Aylostera-Arten werden heute zu Rebutia gestellt. Sie besitzen einen mehr zylindrischen Körper, der Griffel in der Blüte ist mit der Blütenröhre verwachsen. *Mediolobivien*, die als Untergattung ebenfalls den Rebutien zugesellt werden, erkennt man an den behaarten Knospen, den etwas größeren behaarten Blüten und den beborsteten Fruchtknoten. Die mehr als 15 Arten sind von Bolivien bis Nordargentinien verbreitet.

Pflege: Leicht. Der optimale Anfängerkaktus! Standort luftig und sonnig, im Sommer auch im Freien, wo die Stacheln besonders schön werden. Rebutien mögen hohe Luftfeuchtigkeit und im Sommer gleichmäßige Bodenfeuchte. Überwinterung hell, trocken und bei 3-8°C. Bei höheren Wintertemperaturen vergeilen sie und bilden weniger Knospen. Leider sind die Pflanzen, insbesondere verweichlichte, anfällig für Spinnmilben. Für ihre Vermehrung sorgen sie oft selbst. Die reifen Früchte platzen, die Samen gehen ohne Hilfe auf und wachsen rasch. Auch Sprosse bewurzeln leicht.

Arten: Siehe Tabelle rechts.

Wer Rebutien sammeln möchte, findet noch weitere Arten in verschiedenen Blütenfarben.

Rot blühen: *R. calliantha* var. *berylloides*, *R. grandiflora*, *R. krainziana, R. senilis* var. *aurescens*, *R. senilis* var. *breviseta*, *R. violaciflora* var. *knuthiana*.

Orangerot blühen: *R. senilis* var. *schieliana*

Hellrot blüht: *R. graciliflora*.

Goldgelb blühen: *R. glomeri-*

Extra-Tip

Rebutien blühen bereits ab 1 cm Durchmesser! Sie sind kleine, farbenfrohe und anspruchslose Gesellen, leicht zu pflegen und genau das Richtige für den Anfänger.

Rebutia violaciflora

Rebutia marsonerii

Die meist einzelnen, goldbraun bestachelten, kleinen Körperchen von Rebutia violaciflora tragen im zeitigen Frühjahr große, selbstfertile, hellviolettrote Blüten.

Rebutia marsonerii ist wohl die bekannteste gelbblühende Art. Von ihr gibt es einige Varietäten, u.a. auch mit bis zu 5 cm großen Blüten.

Weitere, empfehlenswerte, schöne Arten von Rebutia		
Art	**Blütenfarbe**	**Bemerkungen**
R. chrysacantha	ziegelrot	weiße bis gelbe Stacheln
R. heliosa	orange	hellbraune Areolen mit Filz
R. marsoneri	hell- bis satt-goldgelb	eingesenkter Scheitel, Stacheln oft fuchsbraun
R. minuscula	reinrot	weiße, dünnborstige Stacheln
R. narvaecense	weiß bis hellrosa	weiße Stacheln
R. violaciflora	hellviolett	goldbraune, steife Stacheln
R. wessneriana	leuchtend blutrot	weiße, bis 2 cm lange Stacheln
R. xanthocarpa	karminrot	glasig feine Stacheln
R. xanthocarpa var. *salmonea*	hell-lachsfarben	im Wuchs ähnlich R. minuscula
Empfehlenswerte, schöne Arten von Aylostera		
R. (A.) albiflora	weiß mit rosa Mittelstreifen	bräunliche Stacheln
R. (A.) deminuta	kirschrot	kleinste Art
R. (A.) fiebrigii	leuchtend gelbrot	weiß bestachelt
R. (A.) kupperiana	feurig orangerot	dunkelbraune Mittelstacheln
R. (A.) muscula	orange	von feinen, weißen Stacheln pelzig eingehüllt
R. (A.) pseudo-deminuta	purpurn dunkelrot	glänzend-dunkelgrüner Körper
R. (A.) spegaz-ziniana	dunkelrot	winzige Borstenstacheln, keine Mittelstacheln
R. (A.) spino-sissima	orangerot	dicht weiß bestachelt
Empfehlenswerte, schöne Arten von Mediolobivia		
R. (M.) aureiflora	apfelsinengelb	gelbbräunliche, borstenfeine Stacheln
R. (M.) haagei syn. *(M.) pygmaea*	hell- bis dunkel-lachs-farben geflammt	weiße Borstenstacheln, kammartig gestellt
R. (M.) kesselringiana	rosenrot mit hellem Rand und Schlund	bräunlichgelb bestachelt
R. (M.) ritteri	feurig zinnoberrot	

seta, *R. senilis* var. *kesselringiana* und var. *sieperdiana*.
Weiß bis hellrosa blühen: *R. xanthocarpa* var. *violaciflora*.
Rosa blüht *R. karusiana*.
Violett blüht: *R. senilis* var. *lilacino-rosea* und *R. xanthocarpa* var. *violaciflora*.
Die bei Rebutien außergewöhnliche weiße Farbe bingt die Kreuzung *R. hybrida albiflora* 'Meisterstück' hervor. Sie entstammt einer Kreuzung aus einer *Rebutia*- und einer *Pseudolobivia*-Art.
Übrigens: Auch die auf Seite 78 ausführlich besprochenen Sulcorebutien sind eigentlich eine Untergattung der Großgattung *Rebutia* mit ebenso attraktiven und pflegeleichten Vertretern.

Rhipsalidopsis-Hybriden

Osterkaktus

Rhipsalidopsis rosea, der »Rosenkaktus«, ist als Wildart kaum mehr anzutreffen. Die Art hat einen langen Züchtungsprozeß hinter sich und ist dadurch zu einer widerstandsfähigen Pflanze geworden.

Ein zinnoberrot blühender Osterkaktus, eine Hybride vermutlich von Rhipsalidopsis gaertneri, der mit zunehmendem Alter eine mehr hängende Form annimmt und deshalb gut in eine Ampel paßt.

Rhipsalidopsis rosea

***Rhipsalidopsis gaertneri* als Topfpflanze**

Allgemeines: Die bei uns wegen der Blütezeit auch als »Osterkaktus« bekannten Pflanzen sind Hybriden, die besonders reich und farbenprächtig blühen. Die kleinen, strauchigen, epiphytischen Wildformen stammen aus den Tropenwäldern Brasiliens. Sie entwickeln rundliche, später kantige Triebe und gekerbte Glieder mit kantenständigen, hell beborsteten Areolen, verdichtet am Sproßende. Hier zeigen sich auch die Blüten.

Pflege: Wildarten schwierig, Hybriden relativ einfach. Standort fast ganzjährig hell bis halbschattig und warm, im Sommer auch im Freien. Sobald Knospen zu sehen sind, sollten Osterkakteen möglichst nicht bewegt und gedreht werden, weil geänderter Lichteinfall zu Knospenfall führen kann. Lichtmarke anbringen! Genauso schlecht werden Temperaturschocks vertragen. Während der Wachstumszeit von Februar bis Oktober regelmäßig mit zimmerwarmem, weichem Wasser leicht feucht halten. 4 Wochen nach der Blüte und während der Ruhezeit von November bis Januar nur wenig gießen. Öfter sprühen. Als Substrat eignet sich faseriger Torf oder Einheitserde mit Sand.

Vermehrung durch Sproßglieder, am optimalsten im Mai, aber auch ganzjährig möglich. Schnittfläche vor dem Stecken in leicht feuchtes Substrat abtrocknen lassen.

Arten: *R. gaertneri*, Körper buschig verzweigt, Stamm aufrecht, Äste später hängend, weittrichterige, scharlachrote Blüten einzeln oder zu mehreren am Scheitel der Glieder, hellkarminrote Beerenfrüchte. Diese Art, die viele Synonyme trägt, ist in Brasilien verbreitet.

R. rosea besitzt matt dunkelgrüne Glieder. Von den kurzröhrigen, rosa Blüten erscheinen meist drei gleichzeitig.

Beide genannten Arten sind die Ausgangsformen der sogenannten Osterkakteen. Aus ihnen wurden Auslesen oder Hybriden gezüchtet, die unter der Bezeichnung x *R. graeseri* oder »Osterkaktus« im Handel sind. Diese schönen Exemplare mit lack- bis karminroten Blüten sind besonders wuchs- und blühfreudig.

Extra-Tip

Die Blütenbildung beim Osterkaktus erfolgt nur, wenn man die Pflanzen von November bis Januar bei 10 °C hält. Wichtig: Nach dem Knospenansatz den Osterkaktus möglichst wenig bewegen!

Rhipsalis

Binsenkaktus

Rhipsalis baccifera

Rhipsalis baccifera mit extrem dünnen, hängenden Trieben ist geziert mit vielen kleinen, perlenartigen Beerenfrüchten.

Allgemeines: Die reichverzweigten, epiphytischen, selten kletternden Hängepflanzen sind in tropischen Gebieten der USA, Mittel- und Südamerikas und von Afrika bis nach Ceylon beheimatet. Die meterlangen, abgeflachten, runden gegliederten Triebe haben Blütenareolen, aus denen die Blüten in Mengen hervorgehen. Besonders hübsch sind die beerenartigen weißen, roten oder gelben Früchte.

Pflege: Relativ einfach. Standort halbschattig, im Sommer auch im Freien. Substrat darf nicht austrocknen. Überwinterung hell, relativ warm und leicht feucht. *Rhipsalis*-Arten sind sehr kalkempfindlich. Das Substrat sollte locker, leicht humos und mit Zusätzen von Holzkohle, Bims, Perlite versehen sein. Bei starkem Wachstum und nach der Blüte empfiehlt es sich, stickstoffhaltigen Dünger zu verabreichen. Vermehrung durch Samen und Ableger.

Arten: *R. baccifera*, *R. cereuscula* und *R. clavata*, weiße Blüten. *R. houlletiana* cremefarbene Blüten.

R. mesembryanthemoides, rosa Blüten.

Schlumbergera

mit Zygocactus
Weihnachtskaktus

Schlumbergera cv. 'Bristol Beauty'

Schlumbergera truncata

Schlumbergera cv. 'Bristol Beauty', kräftig violett mit weißen Staubfäden blühend, ist eine der vielen Zuchtsorten der Weihnachtskakteen.

Schlumbergera truncata (syn. Zygocactus truncatus) wächst als Wildform buschig-kleinstrauchig. Die Blütenfarbe ist etwas variabel von rosa bis dunkelviolett. Siehe auch Seite 83.

Allgemeines: Am bekanntesten und beliebtesten sind die »Weihnachtkakteen«. Die Bastardierungen beziehen sich auf *S. bridgesii*, vor allem aber auf S. *russelliana* und *S. truncata* (syn. *Zygocactus* truncatus). Die strauchigen, epiphytisch lebenden Wildformen stammen aus den tropischen Urwäldern Brasiliens. An gegliederten, blattartigen Flachtrieben erscheinen in großer Zahl rote bis weiße Tagblüten.Die Hybriden blühen von Dezember bis Januar, gelegentlich bis März.

Pflege: Hybriden relativ einfach. Wildformen schwieriger. Standort ganzjährig hell bis halbschattig und warm. Die Pflanzen lieben die Sommerfrische bis Ende September an einem halbschattigen Platz im Freien. Im Sommer das Substrat stets leicht feucht halten. Bis Ende Juli alle 14 Tage stickstoffarm, aber phosphor- und kalibetont düngen. Ab August werden Wasser (stark!), Düngung und Wärme reduziert, damit die Blattglieder ausreifen und sich viele Knospen bilden. Nach der Knospenbildung Wassermenge und Wärme wieder steigern - nicht düngen. Optimal sind nachts 10-14°, tags 18 ° C. Vermehrung leicht durch Blattstecklinge.

Arten: *S. opuntioides*. Wildform, die einer Platyopuntie ähnelt und hellkarminrot blüht.

S. orssichiana besitzt die größten Blüten der Gattung. Sie sind 9 cm lang, 7 cm breit, weiß und hellkarminrot gesäumt.

S. russelliana bildet einen runden, ungegliederten Stamm mit bis 3,5 cm langen, bis 2 cm breiten überhängenden, hellgrünen Trieben. Die endständigen Blüten sind über 5 cm lang und dunkelrosa.

S. truncata (syn. *Zygocactus truncatus*) hat mehrgliedrige Triebe und zahlreiche große, leuchtend rosa oder tiefviolett gefärbte Blüten am Triebende. Die Hybriden bringen weiße, rosa, rote, violette und seltener gelbe Blüten hervor.

Selenicereus

Selenicereus grandiflorus blüht nur einmal im Jahr in einer einzigen Nacht. Ihr Besitzer wird für manche schlaflose Nacht, die er opfert, um den richtigen Zeitpunkt nicht zu verpassen, reichlich entschädigt durch die herrliche, tellergroße, nach Vanille duftende Blüte.

Allgemeines: Die klimmenden, kletternden oder auch rankenden Selenicereen stammen aus dem tropischen Mittel- und Südamerika. Die schlanktriebigen, sich verzweigenden Pflanzen haben Luft- oder Haftwurzeln, niedrige Rippen und kurze oder gar keine Stacheln. Besonders beliebt sind sie wegen der riesigen, weißen Nachtblüten.

Pflege: Leicht. Gelingt auch Anfängern. Standort absonnig, in warmen Gegenden im Sommer auch halbschattig im Freien. Im Haus am besten frei ausgepflanzt im Grundbeet eines Gewächshauses. Die Pflanzen benötigen eine kräftige Rankhilfe (Gitter oder Stäbe). Im Sommer stets leicht feucht, im Winter relativ trocken (ohne Schrumpfung) und zur Förderung des Blütenansatzes für einige Wochen bei nur 10°C (nicht kühler) halten. Substrat sehr nahrhaft, locker und leicht sauer mit Zusatz von Torf, Lehm, Komposterde, Sand, Perlite und Holzkohlegrus. Vermehrung durch Samen und Stecklinge.

Arten: *S. grandiflorus*, die berühmte »Königin der Nacht«, bringt bis 30 cm lange, 20 cm breite, nach Vanille duftende Blüten hervor, die sich nur für eine Nacht öffnen - ein Ereignis, das stets mit Spannung erwartet wird. Die Knospen springen meist gegen 22 Uhr mit einem leichten

Selenicereus grandiflorus

Knall auf und danach entfalten sich im Zeitlupentempo die Blütenblätter. Schon nach Mitternacht schließen sich die Blüten wieder und hängen am folgenden Morgen welk herab. Die äußeren Blütenblätter sind bei der Königin der Nacht creme- bis lachsfarben, die Früchte eßbar.

Aus den Blüten und Trieben gewinnt man herzwirksame Stoffe, die vor allem in der Homöopathie Verwendung finden. Zu diesem Zweck kultiviert man in großen Mengen Triebstücke in Gewächshäusern. Es handelt sich bei den Inhaltsstoffen um digitalisähnliche Glykoside, die in allen *Selenicereus*-Arten vorkommen.

S. hamatus (syn. *Cereus rostratus*) bildet sehr lange Triebe und rötlichgelbe Blüten.

S. pteranthus (syn. *C. nycticallus*), die »Prinzessin der Nacht«, blüht ebenso prächtig wie die »Königin« – aber duftlos.

Extra-Tip

Wußten Sie, daß aus der Königin der Nacht herzstärkende Inhaltsstoffe gewonnen werden? Ihre Triebe enthalten Glykoside, die denen des giftigen Fingerhuts (*Digitalis*) ähnlich sind.

Soehrensia

Soehrensia grandis

Allgemeines: Die manchmal auch als »Riesenlobivien« bezeichneten kräftigen, runden oder kurzzylindrischen Kakteen haben kurzröhrige, behaarte, gelbe oder rote Blüten und wollige Früchte.

Pflege: Leicht. Auch für Anfänger. Standort luftig und in voller Sonne. Als Bewohner der hochgelegenen Gebiete Nordwestargentiniens und Chiles lieben sie starke Temperaturgegensätze zwischen Tag und Nacht. Etwas mehr gießen als normalerweise bei Kakteen und häufig nachdüngen. Überwinterung sehr kühl und trocken. Sandig-lehmiges Substrat mit hohem Bims- und Perliteanteil. Vermehrung durch Samen.

Arten: *S. bruchii* (syn. *Lobivia bruchii*), vielrippiger Körper und rote Blüten.

S. formosa, bunte Stacheln und lange goldgelbe Blüten.

S. grandis (syn. *Lobivia grandis*), lange orangegelbe Blüten.

Stetsonia coryne

Stetsonia coryne

Allgemeines: Von diesem Baumkaktus aus Argentinien, Bolivien und Paraguay kennt man nur eine Art: *Stetsonia coryne*. Die Pflanzen werden in ihrer Heimat bis zu 8 m hoch, an dicken Stämmen mit 40 cm Durchmesser wachsen zahlreiche dicke Triebe bis zu 40 cm lang. Die derben Stacheln sind anfangs bräunlichgelb, werden später weiß und oben auf dem Trieb schwärzlich. Die Blüten sind 15 cm lang, röhrig und weiß bis blaßrosa. Sie öffnen sich nachts sehr weit.

Pflege: Einfach. Anfängergeeignet. *Stetsonia* wächst sehr langsam, wird also in Kultur nie die Höhe erreichen, wie an den natürlichen Standorten. Der Kaktus möchte gern sonnig stehen, braucht ein nährstoffreiches, durchlässiges, mäßig feuchtes, leicht saures Substrat und ist ansonsten völlig anspruchslos.

Strombocactus disciformis

Mimesekaktus

Strombocactus disciformis

Allgemeines: Verwitterten Gesteinsbrocken gleicht dieser Kaktus. Er ist die einzige Art der Gattung und wächst in Mittelmexiko in den Spalten steiler Kalkschieferfelsen. Dort paßt er sich seiner Umgebung perfekt an, daher auch der Name Mimesekaktus. Der Körper ist flachkugelig, graublaugrün, die Rippen wulstig gehöckert, die blattartigen Warzen sind spiralig angeordnet, die Dornen – außer im Scheitel – fallen ab. Die Blüten sind 4 cm groß und gelblichweiß und stehen zu mehreren zusammen. Strombokakteen wachsen sehr langsam, blühen aber üppig.

Pflege: Schwierig. Nur für Fortgeschrittene. Die Pflanze braucht einen vollsonnigen Standort, muß äußerst vorsichtig gegossen werden und im Winter kühl und trocken stehen. Das Substrat muß sehr mineralisch sein. Vermehrt wird durch Samen; durch Pfropfen entartet die Pflanze.

Soehrensia grandis mit schmalkantigen Rippen bleibt kugelig. Die glockigtrichterigen Blüten werden bis zu 6 cm lang und messen 4 cm im Durchmesser.

Stetsonia coryne, die einzige Art der Gattung, wird in Kultur geschätzt, weil sie sehr langsam wächst. Sie bildet reich verzweigte, gespreizte Triebe und kann in einer Schale sehr wirkungsvoll aussehen.

Strombocactus disciformis gleicht am Heimatstandort oft einem verwitterten Steinbrocken. In Kultur wächst er scheibenartig bis flachkugelig. Borstige Stacheln sind meist nur mehr im Scheitel vorhanden.

Sulcorebutia

Die reichsprossende, über und über mit Blüten übersäte Sulcorebutia tiraquensis ist in der Bestachelung extrem variabel: gelblich, dunkelbraun, rotbraun, sogar schwarzbraun kommt vor.

Hier erkennt man besonders gut die für Sulcorebutia charakteristischen, fast strichförmigen Areolen. Auch die kammförmig anliegenden, den Körper verdeckenden Stacheln kommen in der Gattung häufig vor.

Sulcorebutia tiraquensis

Allgemeines: Wegen ihrer reichen und sehr unterschiedlich gefärbten Blüten werden diese kugeligen, oft gruppenbildenden, schön bedornten Zwergkakteen aus Bolivien von Kakteenfreunden sehr geschätzt. Von den Rebutien unterscheiden sie sich durch eine derbe Bestachelung und strichförmig langgezogene Areolen. Die Blüten sind trichterförmig und deutlich beschuppt.

Pflege: Leicht. Anfängerpflanze. Der Standort sollte sehr sonnig und gleichzeitig luftfeucht sein – ein Glashaus wäre der optimale Platz. Das Substrat wird im Sommer feucht gehalten, überwintert werden Sulcorebutien dagegen absolut trocken und sehr kühl. Die Pflanzen lieben nahrhaftes, rein mineralisches, aufgelockertes Substrat. Vermehrt wird durch Samen oder Kindel. Pfropfen wird nicht empfohlen. Anfällig für Spinnmilben.

Rotblühende Sulcorebutia

Arten: *S. krahnii*, spiralig gehöckert, gelbe Blüte mit weißem Schlund.
S. lepida, zinnoberrote bis karminrote Blüten.
S. mentosa, purpurfarbene Blüten.
S. rauschi, schwarzgrüner bis violetter, nur wenige Zentimeter hoher Pflanzenkörper, magentarosa Blüten.
S. steinbachii, polsterbildend, Blüten seitlich in der Körpermitte, hellrot, scharlach- bis violettrot.
S. tarabucensis dunkelrote Blüten mit gelbem Schlund.
S. tiraquensis, purpurne Blüten, violettrosa Früchte.
S. totorensis, purpurne Blüten.
S. tunariensis, tiefrote Blüten.
S. vasqueziana, dunkler Pflanzenkörper, wirr verflochtene Stacheln, weißfilzige Areolen, Blüten magentarot, innen gelb.

Sulcorebutia wird in der Systematik zu Rebutia gestellt.

Thelocactus

Thelocactus und Coryphanthen

Thelocactus und Coryphantha in Reih und Glied! Bei ersterer Gattung erkennt man die zu Rippen zusammenfließenden Warzen mit den etwas länglichen Areolen.

Allgemeines: Die kugelig oder gestreckten Thelokakteen, kurz Thelos genannt, aus Mexiko und Texas werden etwa 20 cm hoch. Die Rippen sind gehöckert, die Areolen langgestreckt. Besonders attraktiv ist die derbe, auffallend bunte Bestachelung. Thelos blühen im Sommer mit sehr großen, weitglockigen Tagblüten.

Pflege: Schwierig. Nur für Fortgeschrittene. Der Standort sollte sehr sonnig, warm und luftig sein - die Fensterbank ist also nicht der richtige Platz. Sehr vorsichtig gießen, stauende Nässe vermeiden. Im Winter möchten die Thelos vollständig trocken und bei gleichbleibenden Temperaturen von 8-10°C stehen. Das rein mineralische Substrat sollte sehr durchlässig und nahrhaft sein. Vermehrung durch Samen. Bei gepfropften Pflanzen sind Einbußen an Wuchs und an Intensität der Stachelfarben zu erwarten.

Arten: Siehe Tabelle. Weitere attraktive Thelokakteen sind:

T. bueckii, rötliche, zurück oder auswärts gebogene Stacheln, dunkelkarminrote Blüten.

T. conothelos, weiße Stacheln, purpurviolette Blüten.

T. ehrenbergii, dunkle Stacheln, karminrosa bis weiße Blüten.

T. flavispinus, gelbliche Stacheln, purpurrosa Blüten.

T. hastifer, weiße bis hornfarbene Stacheln, blaß violettrosa Blüten.

T. heterochromus, große, weiße Areolen, rötliche oder bräunliche, hell gefleckte oder bebänderte Stacheln, hellviolette Blüten.

T. hexaedrophorus, gelbliche, graurosa oder braunrote Stacheln, weiße Blüten.

T. leucanthus, graue Stacheln, gelbe Blüten.

T. lloydii, gelbliche, rotgespitzte Stacheln, blaßpurpurne Blüten.

T. nidulans, Körper flachgedrückt, breitkugelig, bis 20 cm hoch, Dornen im Alter glänzend grau-weiß, Blüten grünlich-weiß.

T. wagnerianus, gelbe oder rote Stacheln, rote Blüten.

Bekannte Thelocactus-Arten

Art	Blütenfarbe	Wuchshöhe (cm)	Stachelfarbe
T. bicolor	tief purpurrosa	bis 20	gelblich bis rot
T. lophothele	gelblich-weiß-schwefelgelb, pfirsichfarben-rosenrot und silbergänzend	bis 20	schwarz bis hell braun, obere Stacheln rubinrot
T. tulensis	silbrigweiß bis zartrosa	bis 12	weißlich mit dunkler Spitze
T. schwarzii	rötlich-purpurn, zur Mitte scharlach	bis 6	gelblich

Trichocereus

mit Helianthocereus

Trichocereus candicans wächst kolonienbildend aufgerichtet oder aufgebogen. Die derben, hornfarbigen, gespreizten Stacheln werden bis zu 8 cm lang.

Trichocereus spachianus ist nicht nur eine geschätzte, wüchsige Unterlage für empfindliche Kakteen, auch als grüne, von unten sprossende Säulen sind die Pflanzen reizvoll.

Trichocereus candicans

Allgemeines: Trichocereen sind in Süd- und Mittelargentinien, Ekuador, Peru und Chile beheimatet und wachsen von der Küste bis in die Hochgebirge der Anden. Es gibt zahlreiche Wuchsformen. Neben meterhoch wachsenden kennt man auch niederliegende oder polsterbildene Arten. Die Bestachelung ist ebenfalls sehr unterschiedlich, zum Teil extrem kräftig und lang. Die riesigen Blüten der Trichocereen öffnen sich nachts, sind lang und trichterförmig, dicht wollig behaart und meist weiß. Die tagblühenden Arten wurden früher unter dem Namen *Helianthocereus* zusammengefaßt, werden aber jetzt wieder bei *Trichocereus* geführt. Typisch sind die leuchtenden kurzröhrigen Blüten in weißen, gelben und allen roten Schattierungen. In Kultur sind *Trichocereus pachanoi*, eine fast stachellose Art und *T. spachianus* vor allem vitale Pfropfunterlagen. Das Holz des prächtigen *Trichocereus pasacanus*, dessen 10 m hohe, sehr dicke Säulen oder spärlich verzweigten Bäume ein wenig an *Carnegia gigantea* erinnern, wird in Argentinien zum Bau von Einfriedungen, als Brennholz und zur Herstellung von Souvenirs verwendet.

Trichocereus spachianus

Pflege: Leicht. Der Standort sollte sonnig sein, im Sommer wird gleichmäßig gegossen und – wegen der Wüchsigkeit – immer wieder nachgedüngt. Im Winter stellt man die Pflanzen kühl und ganz trocken. Als Substrat reicht normale, leicht saure Kakteenerde aus. Vermehrung durch Samen oder Stecklinge. Ältere Pflanzen müssen aufgebunden oder abgestützt werden.

Arten: *Trichocereus bridgesii*, bis 5 m hoch, 18 cm lange Blüte.
T. camarguensis, bis 50 cm hoch, 20 cm lange Blüte.
T. candicans, bis 75 cm lang, bildet Kolonien, Blüten bis 20 cm lang, stark duftend.
T. chilensis, 3 m hohe Säulen.
T. courantii, bis 35 cm hoch, 24 cm lange Blüte, die wundervoll nach Rosen duftet.
T. fulvilans, sprossend, bis 150 cm hoch, duftende Blüten.
T. glaucus, 1 - 2 m hoch, Blüten etwa 15 cm lang.

Extra-Tip
Trichocereen gehören zu den vitalsten und zugleich anspruchslosesten Kakteen und gedeihen auch noch, wenn man sich fast überhaupt nicht um sie kümmert.

Helianthocereus poco

Helianthocereus 'Vogesen'

Die purpurfarbenen Blüten von Helianthocereus poco fallen genauso ins Auge wie die spektakuläre Bestachelung.

Helianthocereus 'Vogesen' ist eine hübsche Spielart mit attraktiven karminrosa Blüten.

T. macrogonus, 2 m hoch, Triebe bereift.
T. pachanoi, baumförmig, bildet in Kultur keine Stacheln.
T. schickendantzii, 25 cm hoch, Blüten bis 22 cm lang.
T. spachianus, riesige Blüten im Scheitel.
Weitere Arten siehe Tabelle.

Strauchige, schlanktriebige Arten von Helianthocereus			
Art	**Blütenfarbe**	**Wuchshöhe (m)**	**Bemerkungen**
H. crassicaulis	feuerrot	bis 0,16	Körper zuerst kugelig
H. grandiflorus	leuchtendrot	bis 0,35	Körper sattgrün
H. huascha	goldgelb	bis 0,5 und mehr	ca. 17 Rippen
H. pecheretianus	blutrot	bis 0,45	15-20 Rippen
Dicktriebige Arten von Helianthocereus			
H. antezanae	hellgelb	bis 2,5	bis 10 cm lange, dünne, im Scheitel verflochtene, blaßgelbe Stacheln
H. atacamensis	weiß	bis 6 und mehr	meist unverzweigt
H. bertramianus	gelblich-cremigweiß	bis 2	weißliche Stacheln
H. conaconensis	cremefarben	bis 2	borstige, bis 15 cm lange Stacheln
H. escayachensis	weiß	bis 4	graue, pfriemlige Stacheln
H. herzogianus	cremeweiß	bis 2,2	keulige, kräftiggrüne Triebe
H. narvaecensis	weiß	bis 1	glänzend-dunkelgrüne Triebe
H. orurensis	hellpurpurn oder purpurrosa	bis 1,8	braungelbe Stacheln
H. poco	hellpurpurrosa	über 1,5	hellbräunliche, z. T. dunkelstreifige Stacheln
H. randallii	tiefpurpurn	bis 1	Körper walzenförmig
H. tarijensis	hellweinrot	bis 1,5	etwas kleinere Blüten

Turbinicarpus klinkerianus mit den typischen, zum Scheitel gebogenen, ziemlich weichen Stacheln, ist im Scheitel schwachwollig. Die weißen Blüten haben einen dunkleren Mittelstreifen.

Uebelmannia pectinifera erinnert in der Form an Astrophyten. Die kammartig aufrechtstehenden, dunklen Stacheln geben der Pflanze ein unverwechselbares Aussehen.

Wilcoxia viperina, der »Vipernkaktus«, bildet lange Triebe und rötliche, langröhrige Blüten.

Extra-Tip

Uebelmannia gilt in Sammlungen als echte Rarität. Ihre verblüffende Ähnlichkeit mit Astrophyten, die 7500 km entfernt beheimatet sind, ist außerdem ein staunenswertes Beispiel für Konvergenz.

Turbinicarpus

Turbinicarpus klinkerianus

Allgemeines: Die sehr kleinen Kugelkakteen aus Mexiko haben weiche, gebogene, oft nur im Scheitel vorhandene Stacheln und schlankröhrige Blüten. Obwohl *Turbinicarpus*-Arten wurzelecht leidlich gut wachsen, werden sie häufig gepfropft, weil sie dann reicher blühen. Dabei entarten sie.

Pflege: Schwierig. Nur für Fortgeschrittene. Standort luftig, hell, aber nicht in der prallen Sonne. Im Sommer sehr vorsichtig gießen, Staunässe vermeiden. Überwinterung trocken, kühl und hell. Im Sommer Wachstumspause. Wurzelecht stehen die Zwergkakteen in porösem, mineralischem, mit etwas Lehm und Gips versetztem Substrat.

Arten: *T. gracilis* weiße Blüten mit rosa Mittelstreifen.
T. klinkerianus reinweiße Blüten.
T. lophophoroides, im Scheitel weißwollig rosa überhauchte Blüten.
T. schmiedickeanus rosa Blüten mit violettem Mittelstreifen.

Uebelmannia

Uebelmannia pectinifera

Allgemeines: Diese Kakteengattung wurde erst 1966 und bisher nur in Nordbrasilien entdeckt und ist etwas Besonderes. Bei den meisten der wenigen Arten stehen die Stacheln kammartig, die Pflanzen werden nur 50 cm hoch.

Pflege: Schwierig. Uebelmannien sind nur erfahrenen Sammlern zu empfehlen. Sie wollen sonnig und heiß, am besten direkt unter Gla stehen und auch an sonnigen Wintertagen öfter eingesprüht werden. Überwintert wird nicht ganz trocken bei 10°C. Mit Lauberde versetztes mineralisches, saures, lockeres Substrat eignet sich gut. Pfropfen empfehlenswert!

Arten: *U. buiningii*, Rippen in Warzen aufgelöst, Blüten gelb.
U. flavispina, Stacheln kammförmig, Blüten hellgelb.
U. gummifera, Blüten schwefelgelb.
U. pectinifera, kugelig mit wachsartigem Überzug, Blüten grünlichgelb.
U. meninensis, gelbe Blüten.

Wilcoxia

Wilcoxia viperina

Allgemeines: Die zwergigen, strauchigen Kakteen blühen sehr schön und willig, vor allem gepfropft. Die vielrippigen, dünnen, weichfleischigen Triebe werden dann etwas dicker. Pfropfung – einer Vermehrung durch Stecklinge vorzuziehen – empfiehlt sich aber auch, weil Sämlingspflanzen wurzelecht sehr langsam wachsen und die mächtigen Rübenwurzeln später nur schwer in einem Topf unterzubringen sind. Die Stacheln der Wilcoxien sind kurz, feinhaarig oder borstig. Die großen weißen oder roten Trichterblüten kommen scheitelnah und öffnen sich am Tag.

Pflege: Relativ leicht. Gepfropfte Pflanzen machen keine Probleme. Sie können sogar halbschattig stehen. Wurzelechte Exemplare brauchen Sonne und lockeres, sehr mageres Substrat. Überwinterung trocken bei 10-12°C. Im Frühjahr erst wieder gießen, wenn sich deutlich Blütenknospen entwickelt haben.

Arten: *W. albiflora*, Blüten weiß. *W. poselgeri* und *W. viperina*, purpur und purpurrosa.

Hybride von Zygocactus truncatus (syn. Schlumbergera truncata)

Die schönsten Sukkulenten und ihre Pflege

Wieviel Platz hätten Sie, um sich die exotische Welt der anderen Sukkulenten ins Haus zu holen? Sie brauchen nicht viel. Ein Fensterbrett genügt schon, um alles unterzubringen, was Sie hier sehen: die bizarr gewundene Aloe mit ihren gefährlich gezähnten Blättern, die kurzstämmige Cotyledon undulata mit den rötlich überhauchten, graubereiften, gewelltrandigen Blättern und der hohen Blütenrispe, die zierlichen, ganz spitzblättrigen Rosetten einer zweiten Aloe, ein kleines Polster einer Sedum-Art, deren kurzzylindrische, dicke Blättchen in der Sonne feurigrot werden, eine ebenmäßige, breite Echeverien-Rosette und die buschige Kalanchoe mit den so hübsch rotgerandeten Blättern. Es gibt tausend Möglichkeiten aus der Vielfalt der Sukkulentenformen und -farben solche Minilandschaften zusammenzustellen.

Farbenfrohe Sukkulentengesellschaft

Adenium obesum

Wüstenrose

Die großen, trichterförmigen Blüten der Wüstenrose, Adenium obesum, stehen bis zu zehn in Trugdolden gedrängt, die Kronen mit zylindrischer Basis, die Zipfel rosa, groß und breit.

Hier sieht man deutlich den Unterschied zwischen einer auf Oleander gepfropften und der Wildform von Adenium obesum. Die veredelte Pflanze wächst kompakter und blüht viel reicher.

Adenium obesum

Adenium obesum, links auf Oleander gepfropft, rechts nicht gepfropft.

Allgemeines: Die sehr formenreiche, stammsukkulente Wildform aus den Trockengebieten Afrikas wird selten kultiviert, weil sie langsam wächst und weniger schön blüht. Sie gehört zur Familie der Hundsgiftgewächse (*Apocynaceae*). Besser zu pflegen ist sie mit ihrem verzweigten, dickastigen, dornenlosen Stamm auf Oleander gepfropft; dann blüht sie im Frühsommer und nochmals im Spätsommer. Die Blüten sind prächtig rot bis rosaweiß, sie halten bis zu 2 Wochen. Die schmalen, länglichen, dunkelgrünen Blättchen sind unauffällig.

Pflege: Leicht, auch für Anfänger geeignet. Die Wüstenrose möchte sehr hell und vollsonnig stehen. Sie ist die ideale Winterpflanze fürs Zimmer, denn ihr macht trockene, warme Luft überhaupt nichts aus. Je sonniger sie steht, desto üppiger blüht sie. Bleibt sie den Winter über im warmen Zimmer, wächst sie weiter, stellt man sie kühl, legt sie eine Winterpause ein und läßt die Blätter fallen. Am Fenster sollte man die Pflanze immer wieder drehen, sonst wächst sie nur in eine Richtung, nämlich nach dem Licht. Im Sommer wird reichlich gegossen, Staunässe muß aber vermieden werden. Während des Winters hängt die Wassermenge von der Temperatur ab. Steht die Planze kühl, wird weniger gegossen. Düngen sollte man von März bis September alle drei Wochen mit Kakteendünger. Gepfropfte Pflanzen stehen in normaler Blumenerde, wurzelechte in einem Erde-Sand-Gemisch. Umgepflanzt wird zwischen der ersten und der zweiten Blütezeit. Wird die Pflanze zu groß, können die Triebe zur Hälfte eingekürzt werden, ebenfalls zwischen den beiden Blühperioden. Die Seitentriebe am Oleander müssen abgeschnitten werden. Vermehrung durch Stecklinge, Samen oder Abmoosen.
Achtung! Die Pflanze ist in allen Teilen giftig.

Arten: Am häufigsten ist *A. obesum*, die am Standort bereits in der Trockenzeit auffallend blüht. Ob die anderen Arten nur Rassen sind, ist ungeklärt. Viele Züchtungshybriden!

Adromischus

Kurzstiel

Adromischus maculatus

Allgemeines: Die zwergigen, strauchigen Blattsukkulenten aus der Familie der Dickblattgewächse (*Crassulaceae*) stammen aus Süd- und Südwestafrika und haben runde oder keulenförmige, dickfleischige Blätter mit glatten oder gewellten Rändern an einem kurzen Stamm; sie sind kahl, manchmal behaart oder sehr schön gemustert. Auch stark verflochtene, stammbürtige Luftwurzeln kommen vor. Die Blüten sind klein, weißlich bis rötlich und unauffällig.

Pflege: Leicht und anspruchslos, auch für Anfänger geeignet. Nur an einem hellen, sonnigen und warmen Standort wird die Blattzeichnung voll ausgebildet. Im Sommer wird reichlich gegossen, im Winter kaum, die Pflanzen dürfen nie unter einer Temperatur von 10°C stehen. Substrat locker und humos. Vermehrung durch abfallende Blätter.

Arten: *A. festivus* mit blaugrünen bis kalkigweißen Blättern, purpurn gefleckt.

A. maculatus mit hornkantigen, eiförmigen, rot gemusterten Blättern.

Aeonium

Rosetten-Dickblatt

Aeonium arboreum 'Schwarzkopf'

Aeonium tabuliforme

Allgemeines: Über 30 Arten gibt es von diesen Dickblattgewächsen (*Crassulaceae*), die auf den Kanarischen Inseln, auf Madeira, in Nordafrika und im Mittelmeergebiet zuhause sind. Die Blattrosetten liegen entweder stammlos auf dem Untergrund oder bilden das Ende von wenig verzweigten Ästen kleiner Sträucher. Nach dem Verblühen stirbt die ganze Pflanze oder der blütentragende Ast ab. Die Blüten sind gelb, selten weiß oder rötlich.

Pflege: Die Pflanzen sind ausgesprochen pflegeleicht. Sie stehen gern hell, im Sommer auch halbschattig im Freien, müssen aber vor praller Sonne geschützt werden. Temperaturen unter 10°C vertragen sie nicht. Während der Blüte viel gießen und düngen, nicht jedoch in der hochsommerlichen Wachstumspause. Substrat aus Sand und humosen Anteilen. Die Pflanzen lieber in zu große als in zu kleine Töpfe stellen. Arten mit Solitärrosetten sind nur durch Samen zu vermehren, strauchbildende auch durch Kopf- und Blattstecklinge.

Arten: Oft stark hybridisiert!

A. arboreum wird 1 m hoch, an spärlich verzweigten Stämmen große, flach ausgebildete Rosetten aus spateligen, weißbewimperten Blättern, goldgelbe Blüten. Besonders schön sind die Mutationsformen *cv. atropurpureum* mit purpurnen Blättern, *cv. albovariegatum* mit weißbunten Blättern und *cv. luteovariegatum* mit gelbweiß gestreiften Blättern.

A. canariense mit blaßgrünen Blüten.

A. haworthii bildet stark verästelte Büsche mit eng aneinandersitzenden Rosetten.

A. lindleyi hat fein behaarte Blätter.

A. nobile wird sehr groß und hat herrliche, orangerote Blüten.

A. tabuliforme, die bekannteste Art, hat flache, tellerförmige, grasgrüne, bis 50 cm breite Rosetten, deren schmale Blätter spiralig angeordnet sind und dachziegelartig übereinanderliegen. Der Blütenstand wird bis zu 60 cm hoch, mit zahlreichen schwefelgelben Blüten.

Adromischus maculatus (syn. Cotyledon maculatus) hat einen verlängerten Schaft mit zahlreichen sitzenden, an den Rändern hornigen, leicht welligen, glänzendgrünen Blättern.

Aeonium arboreum cv. 'Schwarzkopf' ist eine sicher besonders attraktive Handelssorte der Aeonium arboreum-Spielarten. Die glänzend dunkelrotbraunen Blattrosetten werden auch im Winter bei weniger Helligkeit kaum grün.

Bei Aeonium tabuliforme werden die flachsitzenden, tellerförmigen Rosetten bis zu 50 cm groß. Nach der Blüte sterben die Pflanzen ab

Agave

Agave

Agave parryi ist eine stammlose Art mit steifen, breit länglichen, zugespitzten Blättern, die kurze Randstacheln tragen und fast winterhart sind.

Eine Agave gedeiht in den Mittelmeerländern frei ausgepflanzt. In nördlichen Breiten kann sie leider nur im Sommer als Kübelpflanze auf Balkon oder Terrasse südliches Flair verbreiten; hier die Varietät 'Marginata' mit gelbgestreiften Blatträndern.

Agave parryi

Agave americana 'Marginata' auf einer Natursteinmauer.

Allgemeines: Bei Agaven aus der Familie der Agavengewächse (*Agavaceae*) stehen die schwert- oder lanzettförmigen, harten, teils stachelig zugespitzten, randbedornten, oft blaugrün bereiften Blätter in basalen, zweiglosen Rosetten. Die faszinierenden, meterhohen Rispen mit Tausenden von Blüten sieht man nur in ihren Heimatländern südliche USA, Mexiko, Mittelamerika und verwildert im Mittelmeergebiet. Nach der Blüte sterben die Pflanzen ab, bilden aber Ausläufer. Bei uns liegt der Reiz der sukkulenten Pflanzen in der Färbung und Bedornung der Blätter und in den bizarren Wuchsformen.

Pflege: Relativ einfach. Standort sehr sonnig und luftig, im Sommer als Kübelpflanze im Freien. Während des Wachstums reichlich gießen und düngen. Substrat lehmhaltig, nahrhaft und durchlässig. Im Trichter der Rosetten darf kein Wassser stehen. Überwinterung trocken, nicht unter 5 °C. Vermehrung durch Samen, Brutknospen oder Ausläuferrosetten.

Arten: *A. americana* ist in den Mittelmeerländern oft in vielen Varietäten verwildert anzutreffen. Steif abstehende, im oberen Teil überhängende, lanzettliche, zur Spitze hin tütenförmig eingerollte Blätter. Blattränder buchtig gezähnt, am Blattende ein 3 cm langer Stachel.

A. attenuata mit 6-15blättrigen Rosetten auf bis 1 m hohem Stamm, elliptische, bis 70 cm lange Blätter, breit, grün, weißlich bereift, Ränder stachellos.

A. filifera, kleine, kugelige Rosette mit zahlreichen, mattglänzendgrünen Blättern mit weißen Linien und hellem Hornrand, *var. compacta* ist noch kleiner, fürs Fensterbrett geeignet.

A. parryi ist fast winterhart; stammlose Rosetten, steife, breite, glatte, graue Blätter mit geradem Endstachel.

A. parviflora, eine der schönsten kleinbleibenden Arten, bildet kleine Rosetten aus schmalen, dunkelgrünen Blättern mit weißen Linien.

A. sisalana liefert den Sisalhanf.

A. utahensis hat stammlose, große Rosetten mit hell- bis blaugrünen Blättern und bis 8 cm langem Enddorn.

A. victoriae-reginae ist langsam wachsend, mit halbkugelförmigen Rosetten aus steifen, weißgestreiften Blättern mit gerundeter Spitze.

Aloe

Aloe

Aloe ferox

***Aloe arborescens* 'Variegata'**

Die prächtige Aloe ferox zwischen Kakteen und Palmen im Jardin Exotique in Monaco könnte man auch für eine Agave halten.

Aloe arborescens ist die altbekannte Heilaloe. Die Zuchtform 'Variegata' hat feine Streifen auf den schwertförmigen, gezähnten Blättern. Beachtenswert ist der Blütenstand mit den vielen, langen, roten Blüten.

Allgemeines: Aloen gehören zur Familie der Liliengewächse (*Liliaceae*). Es gibt unzählige Arten, deren Heimat ist Afrika, Madagaskar und die Mittelmeerländer, wo sie verwildert vorkommen. Man sieht sehr vielfältige Wuchsformen, meist Arten mit stammlosen, gruppenbildenden Rosetten. Die Blüten sind rot, gelb, selten weiß, auf oft hohen Blütenständen.

Pflege: Anspruchslos. Standort sonnig, größere, robuste Arten in Kübeln den Sommer über im Freien. Nicht zuviel gießen, im Winter trocken halten. Im Frühjahr die Pflanzen langsam an die Sonne gewöhnen, manche verfärben sich in voller Sonne rötlich. In nährstoffreichem, humushaltigem Substrat blühen sie schnell. Anfällig gegen Schmierläuse, besonders im Winter.

Arten: *A. albiflora* hat rein weiße Blüten.

A. arborescens (Brandaloe) fehlte früher in keinem Haus, ihr Saft hilft gegen Brandwunden. Schwertförmige, graugrüne Blätter in Rosetten am Stamm. Blattränder mit spitzen Zähnen, rote Blüte.

A. aristata, winterharte, stammlose Rosetten mit über 100 lanzettlichen Blättern, Ränder hornig-kantig und weiß gezähnt, orangerote Blüten an bis 50 cm hohen Blütenständen. Kleinbleibend.

A. barbadensis (syn. *A. vera*) hat dicke, graugrüne, anfangs gefleckte Blätter in stammlosen oder sehr kurzstämmigen Rosetten, dicht gruppiert mit gelben Blüten.

A. brevifolia ist eine stark sprossende, zwergige Art mit kurzstämmigen Rosetten aus dreieckigen Blättern mit scharfen Zähnen.

A. ciliaris, lange, rankende, kletternde Stämme, sehr blühfreudig.

A. ferox mit vielen Varietäten.

A. haworthioides, Rosette sehr klein, sprossend, Blätter mit weißen Pusteln und weißgezähnten Rändern.

A. humilis, rasenbildend, Rosettenblätter in verschiedenen Formen und Farben.

A. striata hat bläulichweiße Blätter mit rotem Rand.

A. variegata (Tigeraloe) hat dachziegelartig angeordnete, unregelmäßig weiß gebänderte Blätter.

A. albida, *A. descoingsii*, *A. minima* und *A. parviflora* sind Zwerge und Raritäten unter den Aloen und besonders zu empfehlen.

Extra-Tip

Aloen waren seit dem Mittelalter Heil- und Räuchermittel und beim Bierbrauen dienten sie zeitweise als Hopfenersatz. Heute wird *Aloe* in der Kosmetik verwendet. *Aloe vera* liefert den Wirkstoff für ganze Kosmetikserien.

Die kurzen Stämmchen von Anacampseros papyracea tragen viele, meist niederliegende Ästchen, 5-6 cm lang und 8-10 mm dick. Die Blüten sind grünlichweiß.

Bei Argyroderma pearsonii ist der Spalt zwischen den halbkugelförmigen Blättern tief, aber relativ schmal. Die Pflanzen wachsen meist unverästelt, oberirdisch.

Bowiea volubilis ist eine Kuriosität. Die oberirdisch gepflanzte, grün werdende, große Zwiebel bringt ein Blatt, ähnlich einem Grashalm hervor. Jährlich treibt die Pflanze einen langen Zwillingssproß mit Seitenzweigen und Blüten.

Anacampseros

Liebesröschen

Anacampseros papyracea

Allgemeines: Das Liebesröschen gehört zur Familie der Portulakgewächse (*Portulacaceae*) und ist in Süd- und Südwestafrika zuhause. Von der Gattung sind die stammsukkulenten Avonia-Arten weitaus bedeutender als blattsukkulente *Anacampseros*-Arten. Besonders beliebt sind die »weißen« Arten, niedrige, stamm- und wurzelverdickte Stauden, bei denen die spiralig angeordneten, kleinen, grünen Blätter von silberweißen Nebenblättern vollständig eingehüllt sind. Andere Arten haben fleischige Blätter mit spinnwebartigem Haarfilz und zu Haaren umgebildeten Nebenblättern. Die Blüten sind weiß oder rötlich.

Pflege: Bei stammsukkulenten Arten Standort sehr sonnig und warm, wenig gießen. Absolute Ruheperiode im Winter einhalten! Sandig-poröses Substrat mit Lehm. Vermehrung durch Samen oder Stecklinge. Pflegeleichter sind blattsukkulente Arten.

Arten: *A. filamentosa*, klein, dick-rundliche Blätter rot.

A. papyracea, schönste »weisse« Art. Schwierig!

A. telephiastrum, bis 5 cm hoch – die größte Art.

Argyroderma

Argyroderma pearsonii

Allgemeines: Die silberhäutigen, hochsukkulenten Arten dieser Gattung der Mittagsblumengewächse (*Aizoaceae*) finden sich hochangepaßt ausschließlich auf den Quarzfeldern der Kap-Region und sind nur schwer zu unterscheiden. Die nur wenige Zentimeter großen, allein oder in Haufen wachsenden, stammlosen Pflanzen bestehen aus zwei gegenständig wachsenden, glatten, halbei- oder fingerförmigen, rückwärts gewölbten, silbergrauen bis olivgrünen, nur an der Basis verwachsenen Blättern. Die hübschen Blüten sind rot, gelb oder purpurn.

Pflege: Schwierig. Standort sehr sonnig, während der Vegetationszeit von Mai bis Oktober nur soviel gießen, daß die Blätter nicht welken. Bei zu reichlichem Gießen platzen sie oder bekommen braune Flecken. Substrat sandig, mit Ton- oder Lehmzusatz. Im Winter trocken, hell, über 15°C.

Arten: *A. blandum* (Blüten purpurrot), *A. brevipes* (hellrosa), *A. octophyllum* (gelb), *A. schlechteri* (purpur mit weiß).

Bowiea

Bowiea volubilis

Allgemeines: Diese interessanten Liliengewächse aus den tropischen Gebieten Süd- und Ostafrikas wachsen aus einer kugeligen, bis 20 cm dicken, oberirdischen, grünen Zwiebel. Die dünnen, langen Stengel schlingen und winden sich sehr hoch, im Vorfrühling erscheinen Blätter, die aber bald wieder abfallen. Die grünlichen, am Rand weißen oder gelben Blüten stehen in Rispen an einem rankenden Stiel. Nach der Vegetationszeit vertrocknen die Stengel.

Pflege: Standort im Glashaus oder an einem hellen Fenster eines kühlen Zimmers. Während der Wachstums- und Blütezeit mäßig gießen, nach dem Absterben der Triebe die Zwiebel trocken und kühl stellen, ab Januar treibt sie wieder aus. Das Substrat sollte lehmig sein, die Töpfe nicht viel größer als die Zwiebel. Nur alle paar Jahre verpflanzen. Beim Auspflanzen ins Grundbeet eines Gewächshauses die Zwiebeln an Ort und Stelle lassen. Ansonsten wird über Samen vermehrt.

Arten: *B. kilimandscharica* (Blüten gelb) und die ähnliche *B. volubilis* (grün-weiß) bilden große Gruppen.

Caralluma

Fliegenblume

Caralluma joannis

Allgemeines: Die stammsukkulente Gattung aus der Familie der Seidenpflanzengewächse (*Asclepiadaceae*) ist von Südafrika bis Indien verbreitet, mit einer Art sogar in Südeuropa. Die Sprosse sind vier- bis sechskantig, gezähnt und tragen vereinzelt und kurzzeitig winzige Blättchen. Mehr oder weniger basal verästelt und immer wieder bewurzelt wachsen sie meist rasenförmig, seltener kriechend oder aufrecht. Die dekorativen Blüten riechen nach Aas.

Pflege: Leicht, auch für Anfänger geeignet. Standort warm, nicht unter 10°C. Pralle Sonne vermeiden. Im Sommer mäßig von unten gießen, Staunässe vermeiden. Im Winter trocken stellen. Substrat sehr durchlässig, sandig und etwas humos. Vermehrung durch Seitensprosse und rasch keimende Samen. Anfällig für Pilzkrankheiten (black dead) und seltener für Woll- und Schildläuse.

Arten: *C. armata*, grünliche, rotgefleckte Blüten.

C. dummeri, olivgrüne, weiß behaarte Blüten.

C. europaea, Blüten grünlichgelb mit rotbraunen Streifen.

C. joannis, Blüten in Büscheln, oliv bis purpurn.

Cephalophyllum

Cephalophyllum alstonii

Allgemeines: Die Heimat dieser strauchartigen oder stammlosen Mittagsblumengewächse (*Aizoaceae*) ist Südafrika. Sie sind verzweigt, bleiben niedrig und bilden Rasen. Die dreikantigen Blätter sind zum Teil schopfig angeordnet. Die sehr großen, gelben, roten oder weißen Blüten öffnen sich nur mittags.

Pflege: Standort im Sommer im Freien an einem sehr sonnigen Platz, im Winter kalt und trocken; mageres, durchlässiges Substrat. Vermehrung durch Samen oder Stecklinge.

Arten: *C. alstonii* mit fast zylindrischen, ca. 7 cm langen, graugrünen, gepunkteten Blättern in Schöpfen. Die Blüten mit 5-8 cm Durchmesser sind dunkelrot.

C. subulatoides mit hellgepunkteten Blättern und purpurroten Blüten.

Ceropegia

Leuchterblume

Ceropegia russeliana

Allgemeines: Ceropegien sind Seidenpflanzengewächse, zu denen Knollensukkulenten, hängende und kriechende, teils aufrechte Sproßsukkulenten gehören. In Südafrika über Arabien bis China beheimatet. Die Blüten sind äußerst vielgestaltig: verwachsene Kronblattspitzen führen zu »Fensterblüten«, Haarsperren schließen bestäubende Insekten vorübergehend in »Gleitfallenblüten« ein und kesselartig erweiterte Blütenkronröhren ergeben »Kesselblüten«.

Pflege: Leicht. Standort hell (bei Sproßsukkulenten) bis halbschattig (bei Knollensukkulenten), Temperatur nie unter 12°C. Substrat sand-, lehm- und humushaltig. Im Sommer mäßig, im Winter kaum gießen. Je trockener die Kultur, desto ausgeprägter der Farbkontrast auf den Blättern.

Arten: *C. haygarthii* und *C. sandersonii* sind windend. Hängend wächst *C. woodii*, besonders schön in Ampeln.

Caralluma joannis sieht mit vierkantigen, kleingezähnten, verästelten, bis zu 10 cm hohen Sprossen recht hübsch aus. Die olivgelb, rötlich gefleckten, in der Mitte purpurnen Blüten erscheinen in Büscheln zu 2-10.

Die weit ausgebreiteten, dunkelroten Blüten von Cephalophyllum alstonii mit violetten Staubgefäßen haben die für Mittagsblumengewächse typische Form. Die niederliegenden Äste der Pflanze werden bis zu 50 cm lang.

Ceropegia russeliana zeigt die für Leuchterblumen charakteristische, ungewöhnlich bizarre Form der Gleitfallenblüte. Ihre hübsche Musterung soll Insekten anlocken.

Conophytum

Die leuchtend kupferorangen Blüten von Conophytum notabile sind größer als die kleinen Körperchen. Sehr gut erkennt man die zu papierartigen Hüllen zusammengeschrumpften Blätter des Vorjahres.

Conophytum truncatum, eine Art mit fast verwachsenem Spalt zwischen den wulstigen Blättern, hat wenig auffallende, blaßstrohfarbene Blütchen.

An Conophytum bilobum fallen die hübsch gefransten, quastenförmigen Blüten auf. Die Lobenspitzen und der Kiel der Blätter sind rot gerandet.

Bei Conophytum recisum ist die Gestalt des Blattpaares herzförmig, die Blattspitzen stehen frei. Die einzelnen, gelben Blüten öffnen sich weit.

Allgemeines: Die Gattung *Conophytum* gehört zu den Mittagsblumengewächsen (*Aizoaceae*) und umfaßt über 300 Arten. Die meisten davon sind bei den Sukkulentensammlern sehr beliebt. Ihre Heimat ist Süd- und Südwestafrika. Die zwergigen, im Alter sich reich verzweigenden Pflanzen bilden Rasen oder Polster. An den Trieben entstehen pro Jahr nur zwei hochsukkulente Blätter, die je nach Art bis auf einen kleinen Spalt zusammengewachsen sind und eine Kugel bilden oder freie Spitzen tragen. Aus dem Spalt wächst die weiße, gelbe oder rötliche Blüte. Die Pflanzenkörperchen sind kugelig, ei- bis herzförmig, an der Spitze rundlich, flach, eingebuchtet, gekerbt, gepunktet, gehöckert, gemustert und werden höchstens wenige Zentimeter hoch. Sie haben ihre Wuchsphasen in unserem Herbst und Winter. Im Frühjahr verlieren sie dann ihre pralle Form, trocknen zu einer papierartigen Haut ein, unter der sich schon das Blattpaar des kommenden Jahres bildet.

Pflege: Nicht ganz einfach, verlangt etwas Erfahrung. Standort sonnig, luftig zugfrei. In der sommerlichen Ruhezeit weitgehend trocken halten, nur dann und wann am Abend nebeln, im Freien nur in eingesenkten Töpfen mit Regenschutz. Im Winter regelmäßig und vorsichtig gießen. Niemals stickstoffbetont düngen, sonst platzen die Pflanzen. Umtopfen in mageres Substrat (Torf – Kies – Lehm 1:1:1) erst, wenn die Pflanze über den Topf hinauswächst, dann mehrere Tage nicht gießen. Anfällig für Wurzel-, Woll- und Schmierläuse, Rote Spinne und Naßfäule.

Arten: Siehe Tabelle oben.

Conophytum notabile

Conophytum bilobum

Conophytum truncatum

Conophytum recisum

Empfehlenswerte Conophyten-Arten

Art	Blütenfarbe	∅ der Blüte (mm)
C. bilobum	gelb	30
C. calculus	sattgelb	12
C. elishae	goldgelb	20
C. ficiforme	weiß bis rosa	25
C. frutescens	tieforange bis kupfergelb	25
C. globosum	zartrosa	12
C. incurvum	gelb	15-30
C. marginatum	rosa	15
C. meyerae	gelb	
C. minutum	rosalila	12-15
C. mundum	weißlich-cremefarbig	
C. muscosipapillatum	goldgelb	30-40
C. notabile	kupferfarbig	
C. pearsonii	lilarosa	16-22
C. pellucidum	weiß	8-10
C. ruschii	malvenfarben-rosa	
C. truncatum	hell strohfarbig	
C. wettsteinii	violettpurpurn	20-30

Cotyledon

Cotyledon orbiculata

Cotyledon orbiculata wird am Heimatstandort ein Strauch von bis zu 1,5 m Höhe. Die weißgrau wachsig bereiften, glattrandigen Blätter sind bei einigen Varietäten rotbraun eingefaßt.

Allgemeines: Die Gattung gehört zu den Dickblattgewächsen (*Crassulaceae*) und umfaßt strauchige, stamm- und blattsukkulente Arten aus Südafrika. Die Blätter sind starr und bleibend oder weich und abfallend. Die Blütenstände sind langgestielt, verzweigt, die Blüten glockig, rot, gelb oder orange.

Pflege: Problemlos. Vor allem die blattsukkulenten Arten sind kulturwürdig, auch im Zimmer. Standort sonnig, vor praller Sonne schützen, warm, bei mäßiger Bodenfeuchte. Im Ruhezustand weitgehend trocken stellen, Temperatur nie unter 10°C. Substrat sandig-lehmig und nährsalzreich.

Arten: *C. ladismithiensis* ist klein und rötlich blühend.
C. orbiculata wächst aufrecht; Blätter dick eiförmig, silbrig bewachst, rot gerandet, hohe Blütenstände mit roten Blüten. Rote Blüten hat *C. paniculata* mit weichfleischigen Sprossen, grünlichgelbe *C. reticulata*.
C. undulata besitzt fleischige, weißbereifte, gewelltrandige Blätter an 50 cm hohen, wenig verzweigten Stämmchen; orangegelbe Blüten.
C. wallichii ist giftig!

Crassula

Dickblatt

Crassula falcata

Crassula ovata

Die Wildform von Crassula falcata zeigt, warum sich die Züchtung gerade dieser Art angenommen hat: Die lebhaft rosa bis scharlachrot gefärbten Blütchen stehen eng in einer reich verzweigten Trugdolde zusammen.

Crassula ovata (syn. C. argentea) wächst in der Heimat als dicker, verästelter Stamm. Die fleischigen, dunkelgrünen Blätter tragen verstreut dunklere Punkte. Die weißen, sternförmigen Blüten sind 1 - 1,5 cm groß.

Allgemeines: Die Gattung *Crassula* hat der Familie der Dickblattgewächse (*Crassulaceae*) den Namen gegeben und reicht von einjährigen Pflanzen über Wasser- und Sumpfpflanzen bis zu baumartigen, mehrjährigen und hochsukkulenten Pflanzen. Nur die letzteren mit ihren kleinbleibenden Arten sind hier interessant. Sie stammen aus Südafrika. Mit ihren dicken, fleischigen, behaarten oder bereiften Blättern zählen sie zu den »Schönheiten« jeder Sammlung. Die Blüten sind sehr klein, wirken aber, weil sie in Dolden zusammenstehen. Sie sind lebhaft gefärbt und duften oft.

Pflege: Sehr anspruchslos. Standort sonnig und warm, während der Wachstumszeit von Sommer bis Herbst ausreichend, sonst eher zurückhaltend und von unten gießen. Überwinterung hell, sonst entarten die Pflanzen. Substrat nährstoffreich, lehmig-sandig. Verkahlen die Pflanzen, beschneidet man sie von innen. Vermehrung durch Samen oder, leicht, durch Blatt- und Kopfstecklinge.

Arten: *C. alstonii*, kugelige Blattrosetten, Blüten gelbgrün.
C. arborescens in Topfkultur bis 1 m hoch, dickstämmig, verzweigt, graugrüne, bereifte, rotgepunktete Blätter mit rotem Rand.
C. barbata, Blattränder behaart, Blüten klein, weiß.
C. columnaris mit muschelförmigen, dicht dachziegelartig angeordneten Blättern.
C. deceptrix (Mimesepflanze) ist wachsig bereift.
C. falcata (Sicheliges Dickblatt) sehr häufig im Handel, allerdings meist als Hybriden, z. B. 'Morgans Beauty'. Dicke, sichelförmige, graue Blätter, duftende, rosa Blütendolden.
C. lycopodioides sieht mit seinen kleinen, schuppenartig übereinanderliegenden Blättern an schlanken, aufrechten, verästelten Stengeln bärlappähnlich aus.
C. multicava, herzförmige Blätter, weißrosa Blüten, Brutpflänzchen in den Achseln der Blütenstände.
C. rupestris färbt sich in voller Sonne leuchtendrot.
C. ovata (Geldbaum) mit zahlreichen weißen, oder seltener blaßrosa Blüten.
C. sarcocaulis, winterhart, lanzettliche Blätter, weiße oder rosa Blüten.
C. socialis, zierlich, rasenbildend. Blüten weiß, in Trugdolden. Für Ampeln geeignet.

Extra-Tip
Cotyledon wallichii enthält ein starkes Gift. Wer Kinder und Haustiere hat, sollte diese Art besser nicht kultivieren.

Delosperma cooperi hält man am besten im Sommer im Steingarten. Als niederliegender, verästelter Halbstrauch bringt die Pflanze zahlreiche, 4 - 5 cm weite, purpurrote Blüten hervor.

Dioscorea elephantipes (syn. Testudinaria elephantipes), der echte »Elefantenfuß«, läßt auf den ersten Blick erkennen, wie er zu seinem Namen gekommen ist: Die Rinde der halbkugeligen Stammknolle ist in kantige Höcker geteilt, die wie die Zehen eines Elefantenfußes aussehen.

Dudleya pulverulenta ähnelt sehr einer Echeverie. Die vielblättrigen Rosetten werden bis zu 50 cm im Durchmesser groß. Die Blätter tragen einen dichten, weißen Wachsüberzug.

Delosperma

Mittagsblume

Delosperma cooperi

Allgemeines: Aus knolligen Wurzeln wachsen bei diesen Mittagsblumengewächsen (*Aizoaceae*) mit liegenden oder leicht aufstrebenden Ästen niedrige, kriechende, dicht verzweigte Stauden oder Rosettenpflanzen, die von Sommer bis Herbst überreich gänseblümchenartige, weiße, gelbe oder rote Blüten tragen. Die Blätter sind stielrund oder kantig, oft mit hellen Papillen bedeckt.

Pflege: Anspruchslos! Standort vollsonnig (den Sommer über auch gern im Freien), nicht zu viel gießen. In der kalten Jahreszeit nicht unter 5 °C stellen, die Pflanzen sind frostempfindlich. Durchlässiges Substrat verhindert Staunässe.

Arten: *D. cooperi* wächst niederliegend und reichverästelt. Blätter weichfleischig und fast stielrund mit in Längsreihen angeordneten Papillen.

D. echinata (syn. *Trichodiadema echinatum*) ist eine der schönsten Arten! Die Blätter sind dicht mit weißen Papillen übersät, die Blüten sind weißlichgelb. Weiter Arten**:** *D. lehmannii, D. tradescantoides*.

Dioscorea elephantipes

Elefantenfuß

Dioscorea elephantipes

Allgemeines: Diese bis 6 m lang rankende Zimmerpflanze, die nach neuester Systematik *Testudinaria* heißt, gehört zu den monokotylen Yamswurzelgewächsen (*Dioscoreaceae*), von denen es viele Arten gibt. Aus einem mehr oder weniger weit über die Erdoberfläche ragenden knolligen Wurzelstock wachsen im Winter lange, leicht verholzte Zweige, an denen große herzförmige Blätter stehen. Später, wenn die kugelige Knolle größer wird, entstehen an ihrer Rinde korkige, vieleckige, warzenartige Gebilde. Die sehr kleinen, grünlichgelben Blüten erscheinen in Trauben. Im Frühjahr sterben die Triebe wieder ab.

Pflege: Problemlos. Standort sonnig bis halbschattig. Im Sommer und im beblätterten Zustand stets mäßig feucht halten, sonst nur ab und zu einsprühen.

Arten: *D. macrostachya* mit einer der beschriebenen Art sehr ähnlichen Knolle ist in Mexiko beheimatet und wird in den USA und in Puerto Rico für pharmazeutische Zwecke (Herstellung von Hormonpräparaten) angebaut.

Dudleya

Dudleya pulverulenta

Allgemeines: Die meistens weißbereiften Blätter dieser Dickblattgewächse (*Crassulaceae*) aus dem Südwesten der USA und aus Mexiko sitzen, halb stengelumfassend, in spiraligen Rosetten an kurzen, an der Basis verzweigten Stämmchen. Manche Arten bilden auch Rasen. Die Blütenstände entspringen den Blattachseln, die in Rispen angeordneten Blüten sind weiß, gelb, orange oder rot.

Pflege: Standort sehr sonnig, im Sommer nur die nicht bereiften Arten im Freien. Regelmäßig gießen, aber nicht auf die weißbepuderten Blätter, weil sonst der mehlige Überzug verschwindet. Überwinterung hell, über 15 °C, und weitgehend trocken. Vermehrung durch Blattstecklinge, Rosetten und Samen.

Arten: Besonders schön ist *D. brittonii*, Blüten blaßgelb.

D. densiflora, weiße Blüten.

D. farinosa, Blütenstände bis 35 cm hoch.

D. pulverulenta hat eine dichte, kelchförmige Rosette auf einem dicken Stamm; bis 80 cm hohe Blütenstände mit rötlichgelben Blüten.

Echeveria

Echeverie

Echeveria derenbergii

Allgemeines: Echeverien sind Dickblattgewächse aus Texas, Mittelamerika und dem nordwestlichen Südamerika. Die meist in spiraligen Rosetten angeordneten Blätter machen durch Form, Beschaffenheit und Farbe die Pflanzen besonders dekorativ und beliebt. Neben Arten mit weißbereiften, rötlichgrünblauen oder dunkelpurpurroten und kahlen Blättern gibt es auch feinbehaarte Blätter, die wie Samt aussehen und sich auch so anfühlen. Die Blüten, gelb bis rot, sind vor allem bei zahlreichen Hybridzüchtungen besonders schön und zahlreich.

Pflege: Echeverien machen in der Regel in Kultur keinerlei Probleme. Sie brauchen einen sonnigen, luftigen Platz. Im Sommer möchten die meisten Echeverien ins Freie. Sandiger Humus, stickstoffarme Nährstoff-Versorgung und vorsichtiges Gießen (nie in die Rosetten, sonst droht Herzfäule!) sind zu empfehlen. Überwinterung an einem hellen, nicht zu warmen Ort (unter 10 °C, nur behaarte Arten über 10 °C), wobei die Pflanzen recht trocken zu halten sind. Vermehrung durch Blattstecklinge, die an ihrer Basis Jungpflanzen bilden und durch Kopfstecklinge.

Echeveria pulvinata

Arten: *E. agavoides* sieht aus wie eine Mini-Agave, rötliche, oben dunkelgelbe Blüten.

E. derenbergii bildet dichte Rasen aus kugeligen bis zylindrischen Rosetten, Blüten rötlichgelb, innengelb. Die Hybride *E. derenbergii* var. *major* ist am häufigsten im Handel.

E. elegans ist stammlos, mit langen Ausläufern, alabasterfarben bereifte Blätter, rosa, oben gelbe Blüten.

E. gibbiflora hat einige Varietäten: bronzefarbene Blätter (var. *metallica*), gewellte Blattränder (var. *crispata*).

E. leucotricha ist eine der schönsten »weißen« Arten; sie hat rote Blüten.

E. multicaulis bleibt klein, hat gerötete Blattränder und rötliche, innen gelbliche Blüten.

E. pilosa sowie die halbstrauchige *E. pulvinata* gehören zu den behaarten Arten.

E. secunda wird häufig zur Teppichbeetpflanzung verwendet; schön bereifte, zartblaue Blätter, vor allem bei der var. *glauca*; 30 cm lange Blütenstände mit hochroten Blüten.

E. setosa besitzt rotgelbe Blüten und Blätter mit weißen Borsten.

Echeveria derenbergii ist eine weitverbreitete Art. Die kugeligen Rosetten aus zahlreichen, breit spateligen, mehlig bereiften, rot gespitzten Blättern werden vor allem wegen des hübschen, nur etwa 8 - 10 cm hohen Blütenstandes mit rötlichgelben Blütchen geschätzt.

Echeveria pulvinata, von den Amerikanern auch Plüschpflanze genannt, hat weich und weiß behaarte, etwa 1 cm dicke, eiförmige, kurzgespitzte Blätter und rot oder gelbrote Blüten an waagrecht verästelten Blütenständen.

Extra-Tip

Bereifte und behaarte Echeverien so sonnig und luftig wie möglich stellen, damit sie kompakt bleiben und die Blattoberfläche nicht vergrünt.

Euphorbia

Wolfsmilch

Euphorbia canariensis, wie man sie in südlichen Gefilden wild wuchernd antrifft. Die meist vierkantigen Triebe sind paarweise bedornt.

Die Äste der blatttragenden Euphorbia atropurpurea werden bis zu 2 cm dick und verholzen später. Nur junge Äste sind dicht beblättert.

Euphorbia milii var. longifolia ist eine der selteneren gelbblühenden milii-Varietäten. Wie der Name sagt, sind die Blätter länglich lanzettlich.

Euphorbia mammillaris bildet kaum 20 cm hohe, dichte Gruppen aus aufrechten, mehrkantigen Trieben, die kakteenähnlich aussehen.

Euphorbia obesa, als Kuriosität von Sammlern geschätzt und von Laien oft als Verwandte von Astrophytum asterias angesehen, beweist einmal mehr die Vielgestaltigkeit der Euphorbien.

Allgemeines: Von den rund 2 000 Wolfsmilchgewächsen (*Euphorbiaceae*) sind etwa 200 sukkulent und sehr formenreich. Wenn sie nicht blühen, gleichen bestimmte Arten so sehr den Kakteen, daß sie auch als »Kakteen der Alten Welt« bezeichnet werden, bewohnen sie doch nahezu ausschließlich Afrika, die arabische Halbinsel und Indien. Der Sammler kann zwischen polsterbildenden, strauchigen, baumförmigen Säulen- und Kugelformen, zwischen Arten mit und ohne Dornen wählen. Eigenartig sind die Blüten (mehr auf Seite 24/25).

Pflege: Euphorbien sind prädestiniert für warme, geheizte, helle und sonnige Standorte, nie unter 12 °C. Lieber zu wenig, als zuviel gießen, besonders im Winter. Substrat sandig, mit Humus- und Lehmanteil. Vermehrung durch Stecklinge (ausbluten lassen!) oder Samen (alle Kugelformen).

Arten: *E. canariensis* (Kanaren-Wolfsmilch) wächst eintriebig oder basal verzweigt.
E. candelabrum hat grünlichweiß gestreifte junge Sprosse.
E. caput-medusae (Medusen-Wolfsmilch) bildet Rosetten aus langen, abstehenden, schlangenförmigen Sprossen.
E. grandicornis ist derb bedornt.
E. horrida (Wildbedornte Wolfsmilch) mit meist niedrigem, wenig verästeltem, geripptem Stamm,
E. milii (Christusdorn) mit vielen sehr beliebten, rot-, gelb- oder cremefarben blühenden Unterarten.
E. obesa hat eine melonenartige Gestalt.

Euphorbia canariensis

Euphorbia atropurpurea

Euphorbia milii var. longifolia

Euphorbia mammillaris

Euphorbia obesa

Extra-Tip

Der weiße, dicke Milchsaft der Euphorbien ist meist giftig und kann zu Hautreizungen führen. Bei Verletzung der Pflanze bringt man den Milchfluß zum Stehen, wenn man die Schnittstelle unter fließendes Wasser hält.

Faucaria

Tigerrachen, Wolfsrachen

Faucaria tigrina

Allgemeines: Diese kurzstämmigen, rasenartig wachsenden, klumpigen Mittagsblumengewächse (*Aizoaceae*) haben ein gemeinsames Merkmal: die gezähnten Blattränder. Bei jungen Blättern greifen die Zähne ineinander, daher der Name »Tigerrachen«. Die rosettig und kreuzgegenständig gestellten Blätter haben weiße Zeichnungen und stehen dicht gedrängt. Die gelben Blüten halten mehrere Tage.

Pflege: Für Zimmerkultur gut geeignete, problemlose Pflanzen. Sehr heller, luftiger Standort, im Sommer reichlich gießen, im Winter gar nicht, sonst blühen sie nicht. Substrat: Erde-Sand-Gemisch.

Arten: *F. tigrina*, die bekannteste Art, ist fast nur noch als Kreuzung mit anderen Arten zu finden. Graugrüne Blätter mit weißen Punktereihen und kräftigen, zurückgebogenen, spitzauslaufenden Zähnen. Ähnlich sind *F. felina* (Katzenrachen), *F. lupina*, *F. subindurata* und *F. tuberculosa*.

Fenestraria

Fensterblatt

Fenestraria aurantiaca

Allgemeines: Die oben keulenförmigen, aufrechten Blätter stehen bei diesen Mittagsblumengewächsen in Polstern und haben in ihrem oberen Ende eine blattgrünfreie, fensterartige Zellschicht, durch die Licht auf die darunterliegenden chlorophyllhaltigen Zellschichten fällt. Am Heimatstandort im südlichen Afrika kommen nur diese oberen Blattspitzen aus dem Boden, in Kultur müssen die ganzen Blätter aus dem Substrat herausragen, sonst faulen sie. Weiße oder gelbe Blüten im späten Sommer.

Pflege: Nicht ganz einfach zu kultivieren. Standort sehr hell, volle Sonne, während der Wachstumszeit nur soviel gießen, daß die Blätter nicht schrumpfen. Überwinterung ganz trocken bei über 15 °C. Substrat Sand und Lehm, sowie Perlite, Bims oder ähnliches. Vermehrung durch Samen oder Blattstecklinge; Umtopfen ist nicht beliebt!

Arten: *F. aurantiaca* mit langgestielten, goldgelben Blüten. *F. aurantiaca* var. *rhopalophylla* mit kürzeren, keuligen Blättern und weißen Blüten. Kreuzungen beider Arten sind in Kultur.

Frithia pulchra

Frithia pulchra

Allgemeines: Dieses südafrikanische Mittagsblumengewächs ähnelt *Fenestraria*, ist nur kleiner. Beide Gattungen trennt, daß bei *Frithia* die Blätter oben rauh und wechselständig, bei *Fenestraria* paarweise gegenständig sind. Auch bei *Frithia* sind die graugrünen, aufrechtstehenden, an den Enden abgeflachten zylindrischen Blätter am oberen Ende durchscheinend. Die Blüten sind karminrot mit weißer Mitte, seltener ganz weiß. Sie halten sehr lange.

Pflege: Erfordert etwas Erfahrung. Standort sehr hell und warm, am besten unter Glas. Da die Pflanzen ihre Wachstumszeit im Winter haben, müssen sie dann gegossen werden, allerdings nur sehr behutsam, im Sommer hält man sie trocken. Blüte im Juni bis August.

Arten: Die einzige Art ist *F. pulchra*.

Faucaria tigrina, den Tigerrachen, kann man gut auch als Einzelpflanze stellen, weil ältere Pflanzen Klumpen bilden und damit auch einen etwas größeren Topf füllen.

Die goldgelben Blüten von Fenestraria aurantiaca var. rhopalophylla sind um ein Vielfaches größer als die kleinen, nach oben keulig verdickten Körperchen. Bei genauem Hinsehen erkennt man auch die Fenster an den gekappten Blattenden.

Im Gegensatz zu Fenestrarien hat Frithia pulchra eine rauhe Fensterfläche. Ältere Pflanzen bilden Rasen.

Gasteria

Gasteria verrucosa, eine der bekannteren aus der Vielzahl der Gasterien, trägt eine Unmenge kleiner, weißer Warzen auf den zweizeilig gestellten, rückwärts gewölbten, oberseits rinnigen Blättern.

Bei Gibbaeum pilosulum wölbt sich das neue Blattpaar, wie bei der Gattung typisch, mit zwei ungleich großen Hälften, schon zwischen dem noch fleischigen, alten Paar hervor. Man sieht abgetrocknete, absterbende und nachwachsende Blätter und Blüten gleichzeitig.

Gasteria verrucosa

Allgemeines: Diese sukkulenten Liliengewächse (*Liliaceae*) aus Süd- und Südwestafrika bilden zunächst zweizeilig fächerige Blätter, später spiralige Rosetten und traubige oder rispige Blütenstände.
Pflege: Sehr anspruchslos! Sonnige oder schattige Plätze, im Sommer regelmäßig gießen, im Winter eher trocken und über 10 °C halten. Substrat mit Humusanteil, viel Bims, Perlite und dergleichen. Vermehrung durch Kindel oder Blattstecklinge und Samen.
Arten: *G. armstrongii* mit kurzen, abgerundeten Blättern.
G. liliputana ist klein und sehr attraktiv, Blätter weißgefleckt.
G. maculata hat eine auffallende Blattfleckung.
G. pulchra hat glänzend grüne Blätter mit weißen, unregelmäßigen Querbändern.
G. verrucosa (Hirschzunge, Warzige Zwergaloe) ist die bekannteste weißwarzige Art.
x Gastrolea sind Kreuzungen mit Aloen, sehr vielfältig im Aussehen.

Gibbaeum

Gibbaeum pilosulum

Allgemeines: Diese polsterbildenden Mittagsblumengewächse (*Aizoaceae*) aus der Kap-Region umfassen Arten recht unterschiedlicher Form. Die Triebe haben ein bis zwei dickfleischige, ei- bis kugelförmige, blaßgrüne bis weißliche Blattpaare, die bei einigen Arten bis auf einen kleinen Spalt miteinander verwachsen, bei anderen auseinandergespreizt sind. Oft sind die Blätter eines Paares ungleich groß, das so entstehende schiefe Aussehen ist charakteristisch. Die weißen oder rosavioletten Blüten erscheinen zu Beginn der winterlichen Wachstumszeit.
Pflege: Nicht ganz einfach. Standort sehr hell, vor allem für die weißen Arten. Während der Ruhezeit im Sommer absolut trocken halten, erst wenn sich erste Anzeichen neuen Wachstums zeigen, vorsichtig wässern. Nach der Blüte langsam mit dem Gießen aufhören. Im Winter eventuell Zusatzlicht geben, immer aber über 15 °C halten.
Arten: *G. album* mit ungleich großen, weißfilzigen Blättern, die zu einem »schiefen Ei« zusammengewachsen sind. Der Spalt ist zunächst kaum sichtbar, klafft jedoch später stark auseinander. Weiße Blüten. Sehr empfindlich in der Haltung.
G. dispar mit samtener Blattoberfläche und lilaroten Blüten zu Anfang des Winters.

G. heathii bildet fast kugelige, 2-3 cm hohe, grau- bis weißlichgrüne Körper, die Blattoberfläche ist glatt, die Blüten sind 2-3 cm groß, cremefarbig bis blaßrosa.
G. pilosulum hat verkehrteiförmige, hellgrüne, mattglänzende, fein behaarte Körper. Der Spalt zwischen den verwachsenen Blättern ist gekerbt und seitlich. Violettrote Blüten Ende Dezember/Anfang Januar.
G. schwantesii hat stark gespreizte, ungleich lange, etwas schief gekielte, dunkel- bis bräunlichgrüne, samtig behaarte Blätter und große, reinweiße Blüten.
G. velutinum bildet Rasen, die Äste liegen auf dem Boden auf und sind von abgetrockneten Blättern umhüllt. Die Blätter sind nur am Grunde miteinander verwachsen, verschieden geformt, auf der Rückseite gekielt. Die karminrosa Blüten erscheinen im Herbst.

Glottiphyllum

Zungenblatt

Glottiphyllum nelii

Allgemeines: Wie alle Mittagsblumengewächse kommen diese raschwüchsigen, reich blühenden Pflanzen aus Südafrika. Die gabeligen Stämmchen tragen dickfleischige, zungenförmige Blätter mit stumpfen, aufwärts gekrümmten Enden, die bei einigen Arten durchscheinend punktiert sind. In praller Sonne werden die Blätter rot. Die grossen Blüten sind gelb und löwenzahnähnlich, sie stehen seitlich.
Pflege: Problemlos, auch für Anfänger geeignet. Standort sehr sonnig, im Sommer auch geschützt vor Regen im Freien – aber nie und nirgends frei ausgepflanzt (entarten sonst). Die lehmhaltige Erde wenig düngen, äußerst sparsam gießen. In kleine Töpfe pflanzen. Bei Samenvermehrung Bastardisierung, Vermehrung besser durch Stecklinge.
Arten: *G. davisii* sehr klein. *G. depressum* niederliegend. *G. grandiflorum* große Blüten. *G. jacobsenianum* mit duftenden Blüten. *G. linguiforme* sehr bekannt; selten artenrein. *G. nelii* bildet »Klumpen«. *G. oligocarpum* mit weißlich- bis olivfarbenen Blättern, aber nur bei viel Sonne. *G. parvifolium*, 8 cm große Blüten.

Graptopetalum

Graptopetalum bellum

Allgemeines: Die mit *Echeveria* und *Pachyphytum* verwandten, stammlosen oder verzweigten, rasenbildenden Rosettenstauden aus Mexiko und den südlichen USA haben aufrechte oder niederliegende Sprosse mit dickfleischigen Blättern. Die sternförmigen Blüten stehen in lockeren Trugdolden, die Blumenkronen sind dunkel gesprenkelt.
Pflege: Nicht schwierig. Standort luftig, hell, sonnig, mit Schutz vor praller Mittagssonne. Mäßig gießen, während der Blütezeit mehr, im Winter sehr selten. Im Winter dürfen die Pflanzen nicht über 15°C stehen, sonst blühen sie nicht.
Arten: *G. amethystinum*, bis 40 cm lange, niederliegende Stämme, bläulichrötliche Blätter, weiße Blüten.
G. bellum (syn. *Tacitus bellus*, Stille Schönheit) bildet eine kompakte, auf dem Boden aufliegende Rosette mit graugrünen, am Rand rot überhauchten Blättern; karminrote, üppige Blüten.
G. filiferum, zierlich, polsterbildend, typisch sind gesprenkelte Blütenkronblätter.
G. paraguayense (Perlmuttpflanze) mit changierend gefärbten Blättern.

Glottiphyllum-Blüten erscheinen von August bis Februar. Der deutsche Name Zungenblatt weist auf die zungenförmigen Blätter hin. Glottiphyllum nelii stammt aus den Kap-Provinzen Südafrikas.

Graptopetalum bellum, auch Tacitus bellus oder übersetzt Stille Schönheit genannt, trägt den Namen zu Recht. Die Pflanze ist schon nichtblühend wunderschön und noch mehr blühend. Die blauviolett bereiften Blätter werden dann überragt von karminroten, gestreiften, gepunkteten Blüten.

Haworthia

Haworthia attenuata ist an den weißen Tuberkeln zu erkennen, mit denen die dunkelgrünen Blätter dicht besetzt sind.

Haworthia cymbiformis blüht relativ unscheinbar. Sie bildet zahlreiche stammlose Rosetten, die zu dichten Polstern zusammentreten. Die leicht transparenten Blätter färben sich bei intensivem Sonnenlicht blaßkarminrot.

Die hellgrünen Rosetten von Haworthia cuspidata sehen aus wie von Meisterhand gefertigte Schmuckstücke, hier die Spielart var. willmoriensis.

Haworthia truncata gehört zu den fensterbildenden Arten der Gattung. Die Blätter sind in einem zweizeiligen Fächer angeordnet.

Allgemeines: Diese Liliengewächse aus Südafrika sind in Europa schon lange in Kultur. Die meisten der kleinbleibenden, rasenbildenden Arten sind stammlose Rosettenpflanzen mit fleischigen, meist perlartig gehöckerten Blättern, deren Ränder oft gezähnt oder bewimpert und deren Enden spitz oder stumpf sind. Die Blüten sind klein, weißlich und unscheinbar.

Pflege: Nicht besonders schwierig. Haworthien tolerieren zwar Halbschatten, wollen aber lieber hell, die »Fensterblattpflanzen« sogar sonnig stehen. Letztere stecken zwar am Heimatstandort in der Erde, müssen aber in Kultur »normal« hochgesetzt werden; sie sind auch kälteempfindlicher. Alle Haworthien überwintern kühl, sind aber nicht winterhart. Haworthien sollten regelmäßig umgetopft werden. Sie stoßen nämlich alljährlich einen Teil ihrer Wurzeln ab, die dann im Topf verfaulen. Viele Arten wachsen im Sommer, einige aber auch im Winter. Während der Wachstumszeit wird regelmäßig gegossen, doch auch während der Ruheperiode sollten sie nie ganz austrocknen. Da die Gattung zur Hybridbildung neigt, vermehrt man besser durch kleine Rosetten oder Stecklinge, die in reinem Sand in kurzer Zeit bewurzeln.

Arten: *H. attenuata* bildet Gruppen kleiner Rosetten aus länglichen, spitzen Blättern mit in Querbändern zusammenfließenden Warzen. Bei der Spielart *var. clariperla* sind die Blätter völlig mit kleinen weißen Warzen bedeckt.

Haworthia attenuata

Haworthia cymbiformis

Haworthia cuspidata

Haworthia truncata

Haworthia coarctata

Haworthia herbacea

Haworthia arachnoidea

Haworthia baccata

Haworthia retusa var. acuminata

H. bolusii bildet besonders schöne Rosetten aus blaßgrünen Blättern, die am Rand mit weißen Borstenhaaren besetzt sind. Die Rosette schließt sich bei Trockenheit und öffnet sich bei Feuchtigkeit wieder.

H. fasciata mit großen weißen Warzen auf der Unterseite von derben, grünen Blättern.

H. margaritifera hat größere, derbfleischige Blätter mit großen, runden, weißen Warzen. Sehr variabel!

H. maughanii, die Rosettenblätter halbstielrund, das Ende wirkt wie abgeschnitten, die Endfläche ist gefenstert. Herrliche Art!

H. reinwardtii (Perlhuhn-Haworthie) hat längere Sprosse und olivgrüne, spiralig um den Sproß angeordnete Blätter, die dicht mit weißen Warzen bedeckt sind und bei Besonnung rötlich werden. Mehrere Varietäten.

H. setata mit Rosetten aus länglichen Blättern mit durchscheinender Borste am Ende.

H. truncata ist eine der Arten mit Fensterblättern. Die Blätter sehen am Ende wie scharf abgeschnitten aus und sind fächerförmig, nicht rosettig, angeordnet. Die Oberfläche ist warzig, das stumpfe Ende durchscheinend.

H. venosa (Netz-Haworthie) mit einem Netz aus dunkleren Blattnerven, die durch die durchscheinende Blattoberhaut gut zu erkennen sind. Weitere interessante Arten: *H. guttata*, *H. arachnoidea*, *H. retusa* var. *acuminata*, *H. cuspidata*.

Haworthia coarctata ist auch unter dem Synonym Haworthia chalwinii bekannt.

Haworthia herbacea fällt durch ihre gezähnten Blätter und ihre frischgrüne Farbe auf.

Haworthia arachnoidea wirkt wie von Spinnweben eingehüllt. Darauf weist auch ihr Artenname hin.

Haworthia baccata trägt auf der Blattspreite perlenartige Höckerchen, ein Schmuck, der typisch für viele Haworthienarten ist.

Bei Haworthia retusa krümmt sich die obere Blatthälfte stark rückwärts und fungiert als Fenster. In ihrer Heimat steckt Haworthia retusa bis zu dem Blatteil mit Fenster im Boden. Das Foto zeigt die Varietät var. acuminata.

Extra-Tip

Haworthien sind »Schmuckstücke in Grün!« Eine Schale von etwa 30 cm Durchmesser reicht für eine Sammlung vieler Arten. Auf guten Wasserabzug achten.

Hoodia

Die tellerförmigen Blüten von Hoodia gordonii haben ganz kleine Zipfel, die Ränder sind etwas ausgebogen. Die fleischfarbige bis bräunliche Fläche wird von helleren Furchen durchzogen.

Die schlanken, nur wenig und fein gezähnten, 5 - 7 kantigen Sprossen von Huernia schneideriana werden bis zu 20 cm hoch. Die etwa 3 cm großen Blüten erscheinen unten an jungen Trieben.

Huernia macrocarpa var. arabica ist eine kleinblütige Art mit schlanken, vierkantigen, frischgrünen Trieben.

Hoodia gordonii

Allgemeines: Aus den Halbwüsten im Süden Afrikas kommen diese Seidenpflanzengewächse (*Asclepiadaceae*) mit an der Basis kräftig verzweigten säuligen, bis 1 m hohen Sprossen. An vielen Rippen sitzen in Spitzen endende Warzen. Die meist rötlichen Blüten sind kreisförmig mit fünf ganz kleinen Spitzen.

Pflege: Schwierig. Optimal ist ein sehr warmer und vollsonniger Standort, nie kühler als 15°C. Lieber weniger (im Winter überhaupt nicht) als zuviel gießen. Sämlinge sind sehr anfällig für Pilzkrankheiten. Man sollte sie und die sehr wurzelempfindlichen Arten auf *Ceropegia woodii* pfropfen. Vermehrung durch Stecklinge in reinem Sand dauert bis zu einem Jahr.

Arten: *H. bainii*, reich verzweigt, die graugrünen, zylindrischen Triebe spiralig mit dornentragenden Warzen besetzt, Blüten hellorange.
H. currori, verästelte, blaßgraugrüne Sprosse mit vielen scharfen Dornen, gelblichrosa, behaarte Blüten.
H. gordonii, schüsselförmige, fleischfarbene Blüten.

Huernia

Huernia schneideriana

Huernia macrocarpa var. arabica

Allgemeines: Die prächtigen Blüten der rasenbildenden *Huernia*-Arten erscheinen am Grund der jungen, stark basal verzweigten Stämmchen. Sie sind glockenförmig, sehr unterschiedlich gefärbt, gepunktet oder gestreift, oft zugespitzt, mit oberflächlichen Papillen oder mit Haaren und riechen nach Aas. Heimat dieser Seidenpflanzengewächse (*Asclepiadaceae*) ist Südafrika, Äthiopien und Arabien.

Pflege: Recht problemlos. Standort hell und sonnig, im Sommer Schutz vor praller Mittagssonne. Temperaturen nicht unter 15°C. Nur soviel gießen, daß die Sprosse nicht zu sehr schrumpfen. Substrat sandig, geringer Torfanteil, durchlässig. Die Samen sind raschkeimend, aber selten artecht, deshalb lieber mit Stecklingen oder durch Teilung vermehren.

Arten: *H. aspera* hat niederliegende Sprosse, eine breitglockige Blütenkrone mit dreieckigen Zipfeln, außen rötlich, innen purpurbraun und gepunktet. Besonders blühwillig.
H. bicampanulata trägt zweifarbige Blüten aus zwei aufeinandergesetzten glockigen Teilen.
H. concinna, blaßgrüne Sprosse, rötlich schimmernd; Blüten mit rötlich gezeichneten Zipfeln.
H. hystrix (Stachelschwein-Huernie) mit schwefelgelber, rotgezeichneter Blütenkrone; duftend.
H. macrocarpa, fünfkantige, gezähnte Sprosse. Blüten außen grünlichgelb, innen hellgelb mit konzentrischen, rotbraunen Querstreifen. Bei var. *arabica* dunkelpurpurne Blüten mit weißen Härchen.
H. occulata (Augenblütige Huernie) ist besonders pflegeleicht. Sie hat zweifarbige Blüten mit weißen Röhren und purpurfarbenen Zipfeln.
H. pillansii gehört mit ihren rot gezeichneten gelblichen Blüten zu den schönsten Arten.
H. primulina blüht von Frühsommer bis Herbst reich, Blüten gelb.
H. reticulata (Netzblütige Huernie) besitzt gelbliche Blütenzipfel mit unregelmäßigen, netzähnlichen Flecken, Röhre innen dunkelrot.
H. schneideriana, Blüten außen bräunlich, innen schwarzsamtig mit rosa Saum.
H. zebrina (und *H. confusa*!) haben die schönsten Blüten der Gattung: brauner Röhrenring, gelbe, karminrot gestreifte Zipfel.

Kalanchoe

Kalanchoe beharensis

Kalanchoe tubiflora

Kalanchoe daigremontiana

Kalanchoe beharensis sieht am Heimatstandort lange nicht so attraktiv aus wie als Solitärpflanze beim Liebhaber. Die dreieckig-lanzettlichen, dicht wollig behaarten Blätter, die Elefantenohren ähneln, werden bis zu 30 cm lang.

Die relativ großen, glockigen, orangefarbenen Blütenkelche der robusten Kalanchoe tubiflora hängen an kompakten Blütenständen. Die Pflanze entwikkelt rötlichbraun gefleckte Brutknospen und heißt deshalb auch Lebensblatt.

Die aufrechten Sprosse von Kalanchoe daigremontiana tragen gestielte, 15 - 20 cm lange, schmale, spitze Blätter, in deren gekerbten Rändern Brutknospen wachsen.

Allgemeines: Die blattsukkulenten Kalanchoen aus der Familie der Dickblattgewächse (*Crassulaceae*) sind als Zimmerpflanzen pflegeleicht und dankbar. Die schönsten Arten kommen aus Madagaskar, andere sind in Afrika und Asien beheimatet. Kaum eine andere Sukkulenten-Gattung ist so vielgestaltig. Kräuter, aber auch zwergige, niedrige Stauden, Bäumchen bis über 2-3 m Höhe, ja sogar Epiphyten und lianenartige Hängepflanzen gehören dazu. Die oft sehr dekorativen Blätter sind kahl oder behaart, glatt oder gelappt, sogar gefiedert; oft tragen sie oder die Blütenstände Brutpflänzchen, die bewurzelt sind. Die Blüten stehen aufrecht oder hängend in Blütenständen und erscheinen in vielen Farben von Weiß oder Grünlich über alle Schattierungen von Rot und Gelb. Als Kurztagpflanzen blühen Kalanchoen nur, wenn sie weniger als 12 Stunden Licht am Tag haben. Deshalb können sie durch die Tageslichtdauer »gesteuert« ganzjährig zum Blühen gebracht werden, obwohl sie allgemein als Winter- oder Vorfrühjahrsblüher gelten.

Pflege: Die Pflanzen möchten hell, sonnig, warm und luftig stehen, nur die kahlblättrigen Arten im Sommer auch im Freien. Das Substrat sollte sandig-humos (pH 5,5 - 6,5), locker und stickstoffarm sein. Gegossen wird reichlich. Winterstand ziemlich trocken und unter 10°C. Häufig fehlen ausgeprägte Ruhezeiten. Vermehrung durch Kopf- oder Blattstecklinge, Brutblätter, für Massenanzuchten vor allem über Samen.

Arten: *K. beauverdii* mit dunklen, gefleckten Blüten. Für Ampeln geeignet.

K. blossfeldiana, als »Flammendes Käthchen« eine gärtnerische Massenpflanze in den Blütenfarben Gelb, Orange, Lila, Rot (mehr auf Seite 104).

K. daigremontiana (syn. *Bryophyllum daigremontianum*), Brutblattpflanze mit winzigen, bewurzelten Pflänzchen in den Achseln der dreieckigen Blätter. Grauviolette Blüten.

K. manginii, Ampelpflanze mit leuchtend roten Blüten (Abb. Seite 104).

K. marmorata mit langen, graubereiften, gesprenkelten Blättern und hübschen rahmweißen Blüten.

K. pinnata (Goethepflänzchen), mit Blättern, die zuerst gezähnt, später gefiedert sind und an ihrem Rand Brutpflänzchen entwickeln.

K. pumila, Ampelpflanze mit mehlig weiß bereiften Blättern und vielen rötlich-violetten Blüten.

K. rhombopilosa, zierlicher Strauch mit silbergrauen, weinrot gefleckten Blättern und unscheinbaren Blüten.

K. scapigera, dekorative, aber bei uns recht seltene Art mit grauwachsigen Blättern und leuchtendroten Blüten.

K. tomentosa (Katzenohr), eine der schönsten Kalanchoen! In einer lockeren Rosette um eine dicht behaarte Sproßachse sitzen die mit einem weißen Filz überzogenen, an den oberen, gezähnten Rändern fuchsrot behaarten Blätter. Blüht selten.

K. tubiflora hat röhrenförmige, graugrüne, rötlich gefleckte Blätter mit Brutknospen, die an der Mutterpflanze nur bei hoher Luftfeuchtigkeit Wurzeln bilden.

K. uniflora, hübsche (epiphytische) Ampelpflanze mit dickfleischigen kahlen, am Rande gekerbten Blättern, die an langen, hängenden Sprossen stehen. Große, leuchtendrote Blüten.

Die Zuchtsorte 'Wendy' ist eine besonders hübsche Kalanchoe mit glockenförmigen, rosa Blüten, deren weiße Zipfel auffallen. Die glänzend grünen Blätter haben gebogte Ränder.

Kalanchoe fedtschenkoi cv. 'Variegata' hat im Gegensatz zur Wildform weißlichgelb panaschierte Blätter.

Die Blütchen von Kalanchoe blossfeldiana stehen in großer Zahl in Dolden an langen Stielen über den Blättern. Sie halten lange und über Monate kommen immer neue Knospen.

Die Kalanchoe-Sorte 'Tessa' ist eine wunderschöne Ampelpflanze. Zur Blütezeit ist sie übersät mit langen, engen, kräftig roten Glockenblüten.

Hybriden von Kalanchoe blossfeldiana blühen meist üppiger als die Wildform.

Kalanchoe-Hybriden

Allgemeines: Kalanchoe-Hybriden sind so beliebt, daß jährlich davon Millionen verkauft werden. Lieblingskind der Züchter war dabei vor allem *Kalanchoe blossfeldiana*, das Flammende Käthchen. Inzwischen gibt es aber auch Spielarten von *K. manginii* und anderen Arten. Das Farbenspiel des Flammenden Käthchens reicht heute von Creme über Gelb, Orange, Rosa, Rot bis zu Violett. Vom Madagaskarglöckchen, *K. manginii* gibt es rot- und gelbrot blühende Varianten.

Pflege: Siehe *Kalanchoe*-Arten.

Sorten: Weitaus die meisten Kalanchoe-Hybriden gehen auf *K. blossfeldiana* zurück. Die ersten Marktsorten 'Alfred Gräser', 'Tom Thumb', 'Vulkan' und 'Gelber Liebling' werden auch heute noch kultiviert. Zur Generation der neueren Zuchtrichtung mit größeren Blüten, kräftigeren und neuen Farben und geringerer Empfindlichkeit der Wurzeln, erreicht durch die Einkreuzung anderer Kalanchoe-Arten, gehören Gräser-Hybriden wie 'Leuchtstern Compacta', Grob-Sorten unter der Sammelbezeichnung 'Schweizer Hybriden' und Bull-Sorten unter dem Sammelnamen 'Bull's Käthchen'.

***Kalanchoe* 'Wendy'**

Kalanchoe fedtschenkoi

Kalanchoe blossfeldiana

***Kalanchoe* 'Tessa'**

***Kalanchoe blossfeldiana*-Hybride**

Kalanchoe blossfeldiana-Hybride

Kalanchoe manginii

Die vielen Hybridsorten von Kalanchoe blossfeldiana brachten neben dem Feuerrot, das der Art auch den Namen Flammendes Käthchen eingebracht hat, viele Farbtöne von Gelb bis Dunkelviolettrot. Auch der Wuchs der Pflanzen ist kompakter als bei der Wildform.

Kalanchoe manginii ist von zierlichem Wuchs. Die ovalspateligen, bis 3 cm langen Blätter sind anfangs fein behaart. An bis zu 30 cm langen Blütenzweigen hängen endständig die glockigen Blüten.

Extra-Tip

Damit Kalanchoen das ganze Jahr blühen, kann man die Blütezeit künstlich steuern. Dafür müssen die Pflanzen mindestens 5-6 Wochen lang weniger als 12 Stunden am Tag sehr hell, dann absolut dunkel stehen; nach weiteren 4-5 Wochen blühen sie dann. Nach den Kurztagen sollten Langtage angeboten werden, d.h. die Pflanzen werden mehr als 12 (bis zu 19) Stunden täglich künstlich belichtet. Das gilt vor allem für Pflanzen, von denen man Stecklinge gewinnt.

Lithops

Lebende Steine

Sind sie nicht schön, die reinweißen, duftenden Blüten von Lithops marmorata? Die graugrünen Körper sind mit hellgrauen, verzweigten Linien gefleckt.

Von Lithops pseudotruncatella gibt es zahlreiche Varietäten, die sich im wesentlichen auf die Unterschiede in der Zeichnung der Endfläche beziehen.

Lithops schwantesii var. kuibisensis, eine Art mit sehr interessanter Zeichnung und Struktur der Endflächen, hat eher zitronengelbe Blüten.

Die Fensterfläche von Lithops lesliei var. albinica (syn. L. lesliei var. lesliei f. albinica) zeigt auf Grasgrün mit gelblichem Schein ein blaßgelbes Filigranmuster.

Lithops karasmontana hat eine grubig runzelige Endfläche. Die Runzeln sind bräunlich ockerfarbig gefaßt, was zum bläulichen Gelbgrau des Körpers sehr lebhaft wirkt.

Allgemeines: In ihrer Heimat, den Geröllwüsten Süd- und Südwestafrikas, findet man diese durch Seitenverzweigungen klumpig wachsenden Mittagsblumengewächse nur wenn sie blühen. Sonst sind sie vollkommen den Steinen ihrer Umgebung angepaßt. Der umgekehrt kegelförmige Körper der Pflanze besteht aus zwei jeweils pro Jahr ausgebildeten und rechtwinkelig zum alten Blattpaar angeordneten, bis auf einen kleinen Spalt miteinander verwachsenen, dickfleischigen Blättern. Die Seitenpartien enthalten Blattgrün, die flachen Enden der Blätter sind oft ganz oder teilweise durchsichtig (»Fenster«) und artspezifisch gemustert. Die Wachstumszeit endet, wenn die weißen oder gelben Blüten, meist einzeln, aus dem Spalt erscheinen. Mit die schönsten Sukkulenten!

Pflege: Leicht zu kultivieren! Standort luftig und sonnig. Nur während der Wachstumsperiode sparsam gießen. Bei zuviel Wasser platzen die Körper. Ab September völlig trocken stellen. Hell überwintern bei 15°C. Nur in magerem, sandigem, wenig Lehm und noch weniger Humus enthaltendem Substrat behalten die Pflanzen ihre typische Form. Vermehrung durch Samen, kaum durch Stecklinge.

Arten: Gelbblühend: *L. aucampiae, L. bromfieldii, L. comptonii, L. divergens, L. helmutii, L. herrei, L. lesliei, L. localis, L.otzeniana, L. turbiniformis.* Weißblühend: *L. bella, L. fulleri, L. karasmontana, L. lesliei var. lesliei f. albiflora, f. albinica, L. marmorata, L. optica f. rubra, L. salicola, L. villetii.*

Extra-Tip
L. optica f. rubra, die begehrteste Rarität, hat purpurrote Pflanzenkörper mit sich deutlich abhebenden Fenstern.

Lithops marmorata

Lithops pseudotruncatella- Varietät

Lithops schwantesii var. kuibisensis

Lithops lesliei var. albinica

Lithops karasmontana

Monadenium

Monadenium guentheri

Allgemeines: Die stammsukkulenten Wolfsmilchgewächse aus dem tropischen Afrika sind Bäume oder sukkulente Stauden mit langen, zylindrischen, warzig-kantigen Sprossen. Auch Wurzelsukkulenz mit nicht-sukkulenten oberirdischen Pflanzenteilen kommt vor. Alle Pflanzen produzieren einen giftigen Milchsaft und außergewöhnliche Blüten.
Pflege: Die meisten Arten sind leicht zu kultivieren. Wie bei *Euphorbia* sonniger, warmer Standort, nicht zuviel gießen. Durchlässiges und ausgesprochen kalkarmes Substrat. Vermehrung durch Stecklinge.
Arten: *M. coccineum* treibt unverzweigte Sprosse mit fleischigen, gezähnten Blättern. Rote Blütenstände.
M. ellenbeckii, kleine, bald abfallende Blätter an langen, gerillten Sprossen, gelbgrüne Hochblätter.
M. guentheri, bogig nach oben wachsende, warzige, lange Äste mit fleischigen, am Rand gewellten Blättern. Hochblätter grünlichweiß, purpurn marmoriert.
M. lugardae, dicke Sprosse aus knolliger Wurzel, Blätter spitzig, behaart und sehr kleine Dornen.

Oophytum

Eierpflanze

Oophytum nanum

Allgemeines: Die Pflanzen aus der Familie der Mittagsblumengewächse (*Aizoaceae*) bilden in jeder Vegetationsperiode zwei Paar Blätter, die zu kugeligen oder eiförmigen Körpern verwachsen und von den papierartigen Resten der letztjährigen Blätter eingehüllt sind. Die Blüten erscheinen einzeln, rot oder weiß. In ihrer Heimat Südafrika wachsen die Pflanzen klumpig oder rasenförmig, auch auf salzhaltigen Böden. Unter anderem deshalb ist die Kultur nicht ganz einfach, lehnt sich aber an die der Conophyten an.
Pflege: Während der Vegetationszeit im Winter hell, sonnig und warm stellen, nur sehr mäßig gießen, während der Ruhezeit im Sommer absolut trocken halten. Erst wieder gießen, wenn sich deutlich neue Blattansätze zeigen.
Arten: *O. nanum* mit fast kugeligem Körper und weißen Blüten mit roten Spitzen.
O. oviforme mit eiförmigem Körper und weißen, auch rotgespitzten Blüten, bis 2 cm Durchmesser.

Ophthalmophyllum

Augenblatt

Ophthalmophyllum villetii

Allgemeines: Diese Mittagsblumengewächse aus Süd- und Südwestafrika gleichen *Lithops*. Die zwergigen Pflanzen haben meist nur einen weichfleischigen, stammlosen Trieb. Der Körper ist ein einziges, zylindrisches oder leicht keuliges, durch eine Kerbe oder einen Spalt halbiertes Blattpaar. Die Blattenden sind meist durchsichtig (»Fenster«). Je nach Art sind die Blätter grün, rötlich oder purpurrot, glatt oder fein behaart, die Blüten weiß, rosa oder hellkarminrot.
Pflege: Erfordert einige Erfahrung. Standort vollsonnig und warm. Das Wachstum beginnt im Herbst, dann muß nur äußerst sparsam gegossen werden. Alle Arten sind schon gegen geringe, besonders stehende Nässe sehr empfindlich, deshalb in durchlässigem, sandigem Substrat halten.
Arten: *O. dinteri*, rötlichgrün mit transparenten Fenstern und lilaroten Blüten.
O. friedrichiae, grün- bis kupfrigroter Körper, wasserhell durchscheinend gefenstert, weiße Blüten.
O. villetii, Körper oben behaart, gewölbte Fenster, blaßrosa gestreifte Blüten.

Monadenium guentheri hat warzige, zylindrische, fleischige Sprosse und endständige, kurz gestielte Blütenstände. Die Hüllblätter sind grünlichweiß, purpurn marmoriert.

Die kugelförmigen, dunkelgrünen Körperchen von Oophytum nanum werden nicht viel größer als 1 cm im Durchmesser. Während der Ruhezeit sind sie ganz von den papierartigen Resten der alten Körper eingehüllt.

Ophthalmophyllum villetii sieht nichtblühend aus wie ein »Lebender Stein«. Erst die blaßrosa, dunkler gestreiften Blüten klären den Irrtum auf.

Bei Oscularia deltoides sind die kurzen, dreieckigen, dicht bereiften Blätter an den Rändern mit rötlichen, kleinen Zähnen besetzt. Die Pflanzen blühen reich.

Pachyphytum oviferum gehört in jede Sukkulentensammlung. Die Rosetten aus dickfleischigen, verkehrteiförmigen, rötlichweiß bereiften Blättern ziehen das Auge sofort auf sich.

Oscularia

Oscularia deltoides

○ 🌡

Allgemeines: Die Sprosse der flach ausgebreiteten, stark verzweigten, kleinen, südafrikanischen Mittagsblumengewächse sind in der Jugend rötlich, später verholzt. Die dreikantigen, am Grund etwas verwachsenen Blätter sind graugrün bis blaugrün bereift, gezähnt, in der Sonne rötlich gerandet und sehen aus wie ein halbgeöffneter Mund. Sie sind nach oben verbreitert und haben eine kurze Spitze. Die Pflanzen blühen willig. Die kleinen, kurzstieligen, rosa bis roten Blüten erscheinen im Frühjahr oder Sommer meist zu dritt.

Pflege: Sehr anspruchslos, auch für Anfänger gut geeignet! Standort hell und warm. Wachstums- und Ruhezeiten sind nicht scharf abgegrenzt, im Winter aber nur sehr wenig gießen und etwas kühler stellen. Vermehrt wird durch Samen oder Stecklinge.

Arten: *O. caulescens*; rötliche Äste, blaugrau bereifte Blätter, rosa Blüten mit Mandelduft.

O. deltoides, hellgrau bereift, Kanten und Ränder der Blätter rot gezahnt, mit vielen duftenden rosa Blüten.

Pachyphytum

Dickblatt, Mondstein

Pachyphytum oviferum

☼ 🌡

Allgemeines: Diese mit den Echeverien verwandten, kahlen Dickblattgewächse sind in Mexiko zuhause. Die Rosettenpflanzen sind stammlos oder bilden aufrechte, ziemlich dicke, verzweigte Kurzstämme. Die lockerstehenden Blätter sind dick, glatt, rundlich und oft mit einem weißlichen Reif überzogen. Die großen, rötlichen oder weißen Blüten erscheinen in zunächst nickenden, dann aufrechten, gabeligen Blütenständen.

Pflege: Problemlos. Standort, wie bei *Echeveria*, hell und vollsonnig am Fenster. Im Winter kühler stellen und sehr wenig gießen. Nicht über Kopf gießen. Vermehrung duch Blattstecklinge.

Arten: *P. oviferum* (Eiertragendes Pachyphytum) ist die schönste Art. An kurzen, weiß bereiften Sproßachsen stehen eirunde, dicke, weißlichgrau bereifte, auch rötlich überhauchte Blätter. Der Blütenstand trägt 10-15 grünlichweiße Blüten .

P. bracteosum, rote Blüten.

P. hookeri, graublaue Blätter, hellrote Blüten.

Pachypodium
Madagaskarpalme, Dickfuß

Pachypodium lamerei

Allgemeines: Man unterscheidet bei den stammsukkulenten Hundsgiftgewächsen (*Apocynaceae*) aus Südafrika und Madagaskar strauch- und baumförmige Arten. Die baumförmigen Arten sind am häufigsten in Kultur. Sie bilden einen flaschenförmigen oder knollig verdickten, wasserspeichernden Sproß mit spiralig angeordneten, dornigen Warzen. Auf dem Sproß sitzt eine Blattrosette, die in der Ruhezeit abfällt.
Pflege: Leicht. Standort sonnig, hell und warm, vor allem bodenwarm. Trockene Zimmerluft wird ertragen. Nur im beblätterten Zustand ziemlich viel gießen, stauende Nässe vermeiden. Substrat durchlässig, humos, mit Quarzsand und Perlite. Vermehrung durch Samen. Anfällig für Spinnmilben!
Arten: *P. geayi*, bedornt, mit silbergrauen Blättern.
P. lamerei, die eigentliche »Madagaskarpalme«, hat einige Varietäten und eine buntblättrige Cristate.
P. baronii (rotblühend) mit der Varietät *P. windsori* ist auch in Kultur blühwillig.

x Pachyveria

x Pachyveria glauca

Allgemeines: Bei diesen hübschen Dickblattgewächsen handelt es sich um Gattungshybriden zwischen *Echeveria* und *Pachyphytum*. Die stammbildenden Pflanzen haben verlängerte Rosetten aus fleischigen, länglichen bis spateligen, nach innen gebogenen, oben hohlen, silbergrauen, rötlich getönten, bis 6 cm langen Blättern mit dunklen Flecken. Im Frühjahr erscheinen ein- oder zweifarbige, weiße, gelbe, rötliche, hellrote oder orangerote Blüten. Auch monströse Formen sind bekannt.
Pflege: Leicht zu kultivieren! Standort vollsonnig, hell und warm (eventuell im Freien). Auch in der kalten Jahreszeit warm stellen, unter 7°C geht die Pflanze ein. Sehr durchlässiges Substrat verhindert die tödliche Staunässe. Ansonsten in der Vegetationszeit regelmäßig schwach gießen und stickstoffarm düngen. Vermehrung nur durch Blatt- oder Stammstecklinge.
Hybriden: *x P. albomucronata* und *x P. scheideckeri*, Blüten orangerot; *x P. pachyphytoides*, hellrot; *x P. clavifolia*, rosa; *x P. clavata*, rötlich; *x P. glauca* und *x P. glossoides*, gelb, rotgepunktet.

Pedilanthus
Schuhblüte

***Pedilanthus tithymaloides* -Varietät**

Allgemeines: Die buschigen bis klumpigen oder verzweigten Wolfsmilchgewächse aus den südlichen USA, Mittelamerika und der Karibik tragen an holzigen, sukkulenten Sprossen sehr kleine, oft weißgrüne Blätter, die am Ende der Vegetationszeit abfallen. Die gegliederten, rundlichen Stämme führen einen giftigen Milchsaft. Auffallend und von der verwandten Gattung *Euphorbia* verschieden ist die schuhförmige, schiefe Scheinblüte in Gelblichgrün, Rosa, Rot oder Braun.
Pflege: Wie bei *Euphorbia*. Standort sonnig oder halbschattig, mäßig gießen, hohe Luftfeuchtigkeit bei Kühle unbedingt vermeiden. Substrat durchlässig und humos in tiefen Töpfen. Anfällig für Mehltau. Vermehrung leicht aus Stecklingen.
Arten: *P. macrocarpus*, verzweigter Wuchs, Sprosse und Hochblätter behaart.
P. smallii, weißbunt.
P. tithymaloides (syn. *P. carinatus*), mit vielen Spezies, auch mit panaschierten Blättern an leicht zickzackförmigen Ästen. Leuchtendrote Hochblätter.

Pachypodium lamerei sieht unten aus wie ein Kaktus, oben wie eine Palme und war in den 70er Jahren, als die ersten Exemplare im Blumenhandel auftauchten, eine echte Sensation.

x Pachyveria glauca, eine Kreuzung von Pachyphytum mit Echeveria, vereinigt Merkmale und Vorzüge beider Gattungen.

Pedilanthus tithymaloides cv. 'Variegatus' ist eine weiß gefleckte, gärtnerische Zuchtsorte, die als dekorativer Zierbusch kultiviert wird.

Extra-Tip
Erfahrungsgemäß blühen Madagaskarpalmen ab einer Höhe von etwa 120 Zentimeter mit herrlichen weißen Blütensternen.

Eine sukkulente Pelargonie zu pflegen, kann durchaus reizvoll sein. Die Blüten sind zwar im Vergleich zur Pracht der Balkonpflanzen eher unscheinbar, die Pflanze selbst aber hat, wie Pelargonium carnosum zeigt, mit den dicken Stämmen ein recht exotisches Aussehen.

Pleiospilos bolusii mit den gelben, ins Orange spielenden Blüten ist ein typischer Vertreter der hochsukkulenten Gattung, der sich am Heimatstandort auch in der Färbung kantigen Gesteinsbrocken angleicht.

Pelargonium

Pelargonium carnosum

Allgemeines: Völlig anders im Aussehen als die bekannten Balkon-Pelargonien sind die südafrikanischen sukkulenten Arten mit ihrem bizarren Wuchs. Die Sträucher aus der Familie der Geraniengewächse haben verzweigte, angeschwollene Stämme mit einem Korkmantel oder einer Wachsschicht. Einige Arten bilden (Schein)Dornen aus verdorrten Nebenblättern oder verholzten Blütenständen. In der Trockenzeit fehlen die Blätter. Die Blüten sind unscheinbar.

Pflege: Etwas anspruchsvoll. Standort sehr hell, sonnig und warm, mindestens 15 °C. Während der Wachstumszeit im Winter erscheinen die gefiederten Blätter, dann sparsam gießen. Im Sommer trocken halten. Substrat durchlässig, sandig und humos. Vermehrung durch Samen, selten durch Stecklinge.

Arten: *P. carnosum*, dicke Stämme, gefiederte Blätter, weiße Blüten. Weitere Arten: *P. ceratophyllum*, *P. cotyledonis*, *P. crithmifolium*, *P. echinatum*, *P. fulgidum*.

Pleiospilos

Lebender Granit

Pleiospilos bolusii

Allgemeines: Diese rasenbildenden, zwergigen Mittagsblumengewächse bestehen meist nur aus einem graugrünen, stammlosen Blattpaar, seltener aus zwei bis vier. Sie gleichen in Form und Farbe einem Gesteinsbrocken (Mimese!). Die Blätter sind am Grunde verwachsen, unterseits merklich gewölbt und durchscheinend gepunktet. Die leuchtendgelben Tagblüten sind sehr groß und erscheinen zum Ende des Sommers.

Pflege: Einfach. Standort sonnig, hell. Nur während der Wachstumszeit von Mai bis Juli wird vorsichtig gegossen, in der übrigen Zeit völlig trocken stehen lassen. Substrat sandiglehmig. Die Pflanzen müssen wegen der langen Pfahlwurzel in tiefen Töpfen stehen. Vermehrung leicht aus Samen, auch durch Stecklinge.

Arten: *P. bolusii* mit zwei oben abgeflachten Blättern, die bräunlichgrün und dunkel gepunktet sind.

P. nelii mit halbkugeligen, dunkelgraugrünen, dicht gepunkteten Blättern, Blüten orange bis lachsrosa.

P. nobilis mit verholzendem Kurzstamm und dicken, graugrünen, fleckigen Blättern.

Plumeria

Frangipani, Tempel-oder Pagodenbaum

Plumeria alba

Plumeria rubra

Die weißen Blüten von Plumeria alba wachsen in großen Rispen am Ende der Zweige. Die Blätter dieser Art sind im Verhältnis zu den anderen Vertretern der Gattung eher klein.

An Plumeria rubra sieht man, wie mächtig die Blätter sind. Die etwa 3 - 4 cm großen Bluten wirken dazu sogar klein.

Allgemeines: Der Tempel- oder Pagodenbaum ist im buddhistischen Kulturkreis ein Symbol der Unsterblichkeit. Er gehört zu den schönsten Blütenbäumen der Tropen, bei uns wird er meist als Kübelpflanze gehalten. Eigentlich stammen die überall in den Tropen wachsenden Frangipani aus Mittelamerika und von den Karibischen Inseln. Die über 4 m hohen Bäume oder auch Sträucher haben einen dicken, fleischigen Stamm und sukkulente, sattgrüne, regelmäßig gegabelte Äste. Die spiralig stehenden, während der Ruhezeit abfallenden, langstieligen, dicken, lederartigen Blätter führen einenMilchsaft, der giftige Alkaloide enthält. Sie werden bis zu einem halben Meter lang, aber nur 15 cm breit. Wunderschön sind die im Sommer in Trugdolden am Sproßende erscheinenden großen, duftenden, vielfarbigen Blüten.

Pflege: Standort in der vollen Sonne, hell, im Sommer im Freien. Während der Vegetationszeit mäßig gießen und düngen, im Winter trocken stehen lassen. Die Ruhezeit (mit Blattfall) ist wichtig für die Bildung von Blütenknospen. Die Temperaturen dürfen in der kalten Jahreszeit nicht unter 15 °C sinken! Substrat aus Sand, Lehm oder Ton und etwas Humus. Anfällig für einen Befall durch Rote Spinne. Vermehrung durch Samen und gut abgetrocknete Stecklinge.

Arten: *P. acuminata* (syn. *P. acutifolia*) hat große, längliche Blätter, weiße Blütenknospen und weiße, innen gelbe Blüten.

P. alba, sommergrüner, runder Baum bis 4 m hoch, 30 cm lange, lanzettliche Blätter. Blüten an endständigen Trauben stehend. Sie sind weiß mit gelbem Auge und duften.

P. purpurea, Blüten rot, innen gelb und behaart.

R. rubra, etwas kleinerer Baum oder Strauch. Im Herbst leuchtendrote, gelbschlundige Blüten. Im Handel sind eine Reihe von Hybriden mit vielen Blütenfarben.

Extra-Tip

Wußten Sie, daß das im 12. Jahrhundert von dem Italiener Frangipani kreierte gleichnamige Parfum gar keine Duftstoffe von *Plumeria* enthielt, sondern ein Gemisch aus verschiedenen ätherischen Ölen? Erst 400 Jahre später wurde *Plumeria rubra* entdeckt und vielleicht Frangipani genannt, weil sie ähnlich duftete wie das berühmte Parfum.

Portulacaria afra

Geldbaum, Pfennigbaum, Spekboom, Strauchportulak

Ihren Vulgärnamen Speckbaum könnte Portulacaria afra auch von den glänzend grünen, dicken, wie gefettet aussehenden, verkehrt eiförmigen Blättern haben.

In eine niedrige Schale gepflanzt und sehr mager gehalten, wird Portulacaria afra leicht zu einem bonsaiähnlichen bizarren Bäumchen. Der baumförmige Wuchs, die fast waagrecht abstehenden Äste verstärken diesen Eindruck.

Portulacaria afra

Allgemeines: Die einzige Art, *Portulacaria afra*, ist eine sehr beliebte, ursprünglich aus Südafrika stammende Zimmerpflanze, der ein alter Aberglaube anhaftet: Solange sie wächst und gedeiht, stimmen auch die Finanzen ihres Besitzers. Wie schön, daß gerade diese Pflanze außerordentlich langlebig und pflegeleicht ist! Der Pfennigbaum wächst strauchig oder baumförmig. An sparrig verzweigten Trieben mit glatter, graubrauner Rinde sitzen kleine, fleischige, ovale bis runde, kahle, immergrüne, ausnahmsweise auch beige Blätter. Die Blüten sind klein, sternförmig und rosa, in Kultur aber sehr selten.

Pflege: Standort unbedingt sehr hell. Bei zu wenig Licht werden die Triebe zu lang und hängen über; die Pflanze verliert dadurch ihr typisches Aussehen. Während der Wachstumszeit von Frühjahr bis Spätsommer wird regelmäßig vorsichtig gegossen und schwach gedüngt. Während der Ruhezeit im Winter nur etwas feucht halten. Temperaturen nicht unter 15 °C. Um eine schöne buschige Form zu erhalten, Triebe öfter zurückschneiden! Vermehrt wird durch Samen oder halbausgereifte Stecklinge im Sommer.

***Portulacaria afra* als Baumminiatur**

Arten: *P. afra* mit waagerecht abzweigenden, rotbraunen, knotig gegliederten Ästen. Blätter glänzend-grün, dickfleischig, Blattspitzen fast herzförmig gerandet.

P. afra var. *foliis variegatis* mit cremefarbenen bis gelbbunten, rosa gerandeten Blättern. Die wie *Portulacaria* zu den Portulakgewächsen (*Portulacaceae*) gehörenden *Portulaca*-Arten sind sukkulente Sträucher, von denen nur *P. grandiflora* üppig blühende, einjährige Freiland-Sommerblumen in Weiß, Gelb, Rot und Violett stellt.

Rhombophyllum

Rhombophyllum rhomboideum

Allgemeines: Die am Grunde zusammengewachsenen, halbzylindrischen Blätter dieser Mittagsblumengewächse (*Aizoaceae*) stehen dicht gedrängt, gegenständig und über Kreuz, sind grün, weißlich oder durchscheinend punktiert. Alle Arten haben fleischige, lange Rübenwurzeln. An einem gemeinsamen Stiel sitzen drei bis sieben große, gelbe Blüten.
Pflege: Leicht zu kultivieren. Standort sehr sonnig. Nur wenig gießen, während der Winterruhe gar nicht. Nicht unter 5 °C überwintern. Vermehrt wird durch Samen, häufiger durch Stecklinge.
Arten: *R. dolabriforme*, Blätter halbstielrund, nach oben beilartig verbreitert.
R. nelii, Blätter graublaugrün, dunkel gepunktet.
R. rhomboideum var. *rhomboideum* mit dunkelgraugrünen, rautenförmigen Rosettenblättern, die unterseits einen Kiel haben, der sich über die Spitze wie ein Kinn verschiebt. Die Oberfläche und die Kanten der Blätter sind fein gepunktet. Die Blüten sind goldgelb, außen rötlich. Die var. *groppiorum* hat dicht weißlich punktierte Blätter.

Ruschia

Ruschia dualis

Allgemeines: Die Pflanzen dieser sehr artenreichen Mittagsblumengewächse aus Südafrika sind klein und büschelig, die Äste verzweigt und aufrecht oder niederliegend, die Blätter umfassen mit langer Scheide den Stengel und sind nur kurz verwachsen, sonst dreikantig, stachelspitzig, bläulichgrün und dunkel oder durchscheinend gepunktet. Die Blüten stehen einzeln oder zu mehreren, sind rot, violett oder weiß, tagsüber, bei wenigen Arten nachts öffnend.
Pflege: Nicht schwierig. Standort sonnig und luftig unter Glas, die höheren, strauchigen Arten auch im Freien. Überwinterung hell, über 10°C, sehr wenig gießen. Vermehrung durch Samen oder Stammstecklinge.
Arten: *R. dualis*, rasenbildend, kleine, weißgraue Blätter mit knorpeligem Rand, violettrosa Blüten.
R. herrei, rasenbildend, Blätter blaugrün, großgepunktet, Kiel und Kanten durchscheinend.
R. perfoliata, größere, strauchige Art, unterseitiger Blattkiel gezähnt, rote Blüten. Dekorativ und raschwüchsig!
R. uncinata, fast winterhart, nicht sehr blühwillig.

Schwantesia

Schwantesia ruedebuschii

Allgemeines: Diese südafrikanische Gattung aus der Familie der Mittagsblumengewächse umfaßt nur ca. 10 Arten. An sehr kurzen, mit trockenen Blattresten bedeckten Sproßachsen stehen gekreuzt und gegenständig zwei bis vier ungleiche Paare graugrüner, gezähnter oder spitziger Blätter. Sie sind am oberen Ende breiter, unterseits gekielt, oben flach, marmoriert, Ränder und Kiel sind rötlich. Die langgestielten, großen Blüten sind gelb.
Pflege: Etwas anspruchsvoll. Standort sehr sonnig mit wenig Luftfeuchtigkeit, wenig gießen. Überwintern trocken und nicht unter 15 °C. Vermehrung durch Samen, Stecklinge oder Teilung.
Arten: *S. herrei* var. *herrei* f. *major* (syn. *S. loeschiana*) mit ganzrandigen, glatten, bläulichweißen Blättern.
S. ruedebuschii mit 5 cm langen, weißmarmorierten, dicken, bootförmig gewölbten Blättern mit braungespitzten Zähnchen an den gerundeten Enden.

Bei Rhombophyllum rhomboideum liegen die rhombisch geformten Blätter in einer Rosette am Boden auf. Bei genauem Hinsehen erkennt man auch die aus dem gemeinsamen Stiel nachkommenden Knospen.

Aus der sehr umfangreichen und vielgestaltigen Gattung ist Ruschia dualis ein stammloser Vertreter. Die kleinen Blattpaare sind bis etwa ein Drittel der Länge miteinander verwachsen.

Wie an Schwantesia ruedebuschii ersichtlich, führt die Kreuzständigkeit der Blattpaare in Verbindung mit der merkwürdigen Gestalt der Blätter zu einer ganz bizarren Pflanzenform.

Sedum

Fetthenne, Mauerpfeffer

Allgemeines: Für die Zimmer- und Gewächshauskultur geeignet sind die blattsukkulenten Arten aus den Trockengebieten Mittelamerikas. Fürs Freiland verwendet man die winterharten Arten. Die bei Berührung äußerst leicht abbrechenden Blätter sind oft lebhaft gefärbt, besonders bei kräftiger Sonneneinstrahlung. Die kleinen Blüten sind zu prächtigen Trugdolden zusammengefaßt, die Farben sind meist gelb, weiß und rot, aber auch rosa, violett und selbst blaßblau.

Pflege: Sehr anspruchslos! Standort hell und vollsonnig, im Sommer reichlich gießen, im Winter trockener halten. Temperaturen unter 10 °C werden schlecht vertragen. Undeutliche Ruheperiode. Vermehrung durch Stecklinge.

Arten: *S. adolphii* mit gelblichgrünen, rötlich gerandeten Blättern, weißen Blüten.

S. lydium wächst kriechend und blüht von Juni bis Juli.

S. morganianum, eine der schönsten Ampelpflanzen mit rosa bis purpurroten Blüten.

S. pachyphyllum hat graugrüne Blätter mit roten Spitzen und gelbe Blüten.

S. rubrotinctum , Blätter in der Sonne rotgefärbt.

S. sieboldii, Ampelpflanze mit blaugrünen, rotgerandeten Blättern und rosa Blüten; die var. *variegatis* ist besonders dekorativ, da buntblättrig und gelblichweiß gefleckt.

S. spathulifolium, kriechend, rasenförmig, Blüten hellgelb. Fürs Freiland.

S. stahlii, zierlich, braungrün, behaart, in der Sonne leuchtendrot, Blüten gelblichgrün.

Sedum-Arten kann man heute zur Pflanzeit in jedem Supermarkt-Angebot finden. So üppig zum Blühen wie auf dem Bild kommt Sedum pachyphyllum allerdings nur auf sonnenexponierten Steinmauern.

Die rosettig gedrängten Blätter von Sedum obtusatum färben sich, wie bei vielen Sedum-Arten, bei intensiver Sonnenbestrahlung rötlich.

Sedum spathulifolium bringt eine besonders hübsche Farbvariante ins Spiel. Die in dichten Rosetten stehenden, spateligen Blätter sind meist rot überlaufen und stark bereift.

Die Zuchtsorte Sedum spathulifolium cv. 'Cape Blanco' (syn. S. spathulifolium 'Capablanca') hat kleinere, weiß bereifte Rosetten, die wie ein Teppich unter den zierlichen Blütenständen liegen.

Bei Sedum lydium sind die winzigen, nur 6 mm langen und 1 mm breiten Blätter graugrün bis leuchtend rot und fein papillös.

Sedum pachyphyllum

Sedum obtusatum

Sedum spathulifolium

Sedum spathulifolium 'Cape Blanco'

Sedum lydium

Sedum stahlii

Sedum rubrotinctum 'Aurora'

Sedum morganianum

Sedum morganianum 'Buretti'

Sedum adolphii

Sedum pachyphyllum

Sedum sieboldii

Damit eine Sedum-Schale so schön wie hier mit Sedum stahlii in Form bleibt, sollte man überschießende Triebe entfernen.

Gärtnerische Züchtungen, wie Sedum rubrotinctum cv. 'Aurora', haben meist eine kompaktere Wuchsform. Die Blattfärbung dieser Sorte ist besonders interessant: Lachsfarben mit silbrigem Schimmer.

Sedum morganianum, die »Affenschaukel«, auf den Kopf gestellt! Frei hängend kann der sonst leicht abbrechende und abfallende Zopf aus den dicken, fleischigen, silbergrau bereiften, länglich-lanzettlichen Blättern am wenigsten Schaden nehmen.

Sedum morganianum 'Buretti' hat kürzere Blätter, die nicht so leicht abfallen und wächst insgesamt gedrungener.

Die dicht mit stumpf-lanzettlichen, gelbgrünen Blättern bestandenen Äste von Sedum adolphii wachsen zunächst aufrecht, kippen aber bald um.

Besonders schöne Rotfärbung durch intensive Sonneneinstrahlung bei Sedum pachyphyllum.

Sedum sieboldii gehört zu jenen Arten, denen man die Sukkulenz weniger ansieht.

Sempervivum

Dachwurz, Hauswurz, Donnerpflanze, Donnerwurz

Die ebenmäßigen Rosetten von Sempervivum tectorum werden nur bei sehr viel Sonne so intensiv rot.

Sempervivum ciliosum hat mehr geschlossene Rosetten aus bis zu 4 cm lang behaarten, aschgraugrünen Blättern.

Sempervivum tectorum

Sempervivum ciliosum

Allgemeines: Die 30 Arten dieser Gattung aus der Familie der Dickblattgewächse sind im Mittelmeergebiet und in Vorderasien zu Hause. Und auch bei uns wachsen sie hauptsächlich im Freien, auf Mauern, Dächern und im Steingarten. Als Zimmerpflanzen oder unter Glas vergeilen sie vollständig und entarten. Sie bilden dichte, niedrige Rasen oder Polster aus stark ausläufertreibenden oder sich teilenden Rosetten mit fleischigen, grünen, rötlichen oder bläulichen Blättern, die meist randwärts bewimpert und behaart, spiralig angeordnet, umgekehrt eiförmig bis lanzettlich sind. Im Sommer erscheinen an älteren Pflanzen die verästelten Trugdolden mit sternförmigen, kleinen, weissen, gelben, rosa oder purpurroten Blüten. Nach der Blüte sterben die Rosetten ab, doch durch die zahlreichen Ausläuferpflanzen ist der »Ersatz« schon vorhanden. In langen Trockenzeiten verdorren die äußeren Blätter der Rosetten und legen sich schützend um das Innere der Pflanze, die so überleben kann.

Pflege: Standort sonnig, ganzjährig im Freien. Sehr mageres Substrat, viele Arten wachsen auf Mauern, Ziegeldächern, in Trockenmauern oder auf Steinbrocken. Vermehrung durch Samen oder Teilung.

Arten: *S. arachnoideum* (Spinnweb-Hauswurz), grüne Blätter mit roten Spitzen, von weißen Haaren übersponnen, lockere, karminrosa Blüten.

S. ciliosum (Fette Henne), Rosetten aus graugrünen, behaarten Blättern, gelbliche Blüten, viele Ausläufer bildend.

S. giuseppii bildet flache Matten aus vielen erbsengrünen, kleinen Rosetten. Die Blätter sind dicht behaart und, besonders im Austrieb, dunkel gefleckt. Rote weißgerandete Blüten.

S. grandiflorum, Rosetten aus dunkelgrünen, oft rot getönten, behaarten Blättern, die nach Ziegen riechen, wenn man sie zerdrückt. Blüten an langem Stengel, gelb, unten dunkellila gefleckt. Braucht humoses, aber mageres Substrat.

S. montanum, Rosetten kugelig geschlossen, Blätter dunkelgrün, fleischig, behaart, Blüten hellweinrot, Blütenstände lang. Viele Kreuzungen.

S. tectorum (Gemeine Hauswurz) ist die bekannteste Art.

Ein Steingarten, mit verschiedenen Sempervivum-Arten bepflanzt, kann ungeheuer attraktiv sein. Sempervivum heißt so viel wie "ewig lebendig" und das scheinen die Pflanzen wörtlich zu nehmen: Sie überleben ganzjährig im Freien praktisch ohne Pflege.

Verschiedene Sempervivum -Arten

Sie ist sehr gefragt zur Dachbegrünung. Die an sich schon sehr variable Art wurde mit so vielen anderen Arten gekreuzt, daß die Hybriden kaum mehr zu überblicken sind. Die vielen Handelssorten unterscheiden sich vor allem in Blattform und -farbe. Sie haben schmale oder breite, spitze oder abgerundete Blätter, die Blattfarben sind grün, grau, kräftig rot, blaugrün, mit braunen oder rötlichen Spitzen. Alle Hauswurz-Arten sind sind sehr attraktiv und gegen Krankheiten wenig anfällig. Die Blüten stehen auf hohen Blütenständen und sind meist lilarot, aber auch gelblich (*S. x hayekii*), purpurn (*S. x schottii*), rosa (*S. tectorum ssp. alpinum*) oder rot (*S. tectorum ssp. calcareum* 'Grigg's Surprise').

Unter dem Synonym *Jovibarba* sind noch zwei weitere Semperviven im Handel:

J. hirta mit Rosetten aus behaarten, recht spitzen Blättern, die oft rot angehaucht sind. Bildet dichte Matten, die Blüten sind gelb. Die Pflanze ist etwas empfindlich gegen Regen.

J. sobolifera hat recht große Rosetten (bis 20 cm Durchmesser) von graugrünen oder olivgrünen, rot überhauchten Blättern. Blaßgelbe Blüten in Trauben. Die Handelssorte *S.* 'Commander Hay' ist vor allem wegen ihrer sehr großen Rosetten aus dunkelroten Blättern beliebt. Die Blütentrauben sind grün-rot.

Das größte Sortiment an *Sempervivum*-Arten und Varietäten finden Sie in Staudengärtnereien und in Spezialgärtnereien für Alpenpflanzen.

Extra-Tip

Die Gemeine Hauswurz ist nicht nur eine Heilpflanze. Sie galt früher auf dem Lande als sicherer Schutz gegen Blitzschlag, wenn sie auf dem Dach wuchs. Deshalb auch ihr Name »Donnerwurz«.

Senecio

mit Kleinia

Senecio articulatus 'Variegatus'

Allgemeines: Die über 100 stamm- oder blattsukkulenten Arten dieser Korbblütler (*Compositae*) (beheimatet auf den Kanaren, in Afrika, Madagaskar, Vorderindien und Mexiko) sind ungeheuer vielseitig in Wuchs und Gestalt. Die Blätter sind flach oder zylindrisch, oft filzig. Gemeinsam haben sie nur die Form des Blütenstandes: Viele sehr kleine, röhrenförmige Blüten sitzen eng zusammengedrängt auf einem flachen oder hochgewölbten Blütenboden, eingefaßt von einem Kelch aus Nebenblättern. Manche Arten haben nur gleiche Blütchen mit fünfteiligen Kronen, sogenannte Scheibenblüten, andere Arten tragen außen zusätzlich solche, deren Blütenkrone einseitig strahlig ausläuft, sogenannte Strahlenblüten, im Korb. Die Wuchsform ist kriechend, rasenförmig, strauchig, seltener kletternd.

Pflege: Sehr anspruchslos und leicht! Standort hell, vollsonnig und warm. Weniger empfindliche Arten auch im Freien. Im Sommer reichlich düngen und gießen, im Winter nur wenig. *Kleinia*-Arten haben im Sommer und im Winter je eine kurze Ruheperiode. Zum Überwintern hell, kühl und nicht unter 10 °C stellen. Vermehrung durch Teilung, Stecklinge oder Samen.

Senecio rowleyanus

Arten: *S. articulatus* (syn. *Kleinia articulata*) hat bereifte, graugrüne, kurzgegliederte, leicht abfallende Sprosse, die im Alter nur an den Enden beblättert sind. Die gelblichen Blüten sitzen in Köpfchen auf einem schlanken, doldentraubigen Schaft. Diese beliebte Art ist wüchsig und durch die abfallenden Glieder leicht zu vermehren. Die Varietät var. *globosus* bildet fast kugelige, 10 - 20 mm lange, 10 - 15 mm dicke Glieder.

S. citriformis wächst niederliegend-kriechend mit teils auch aufgerichteten Trieben und fällt durch dickfleischige, kugelig zugespitzte, zitronenähnliche Blätter auf, die blaugrau gefärbt und wachsig bereift sind. Die Blüten sind cremefarben bis gelblich.

S. crassissimus bildet blauviolette verzweigte Triebe mit senkrecht gestellten Blättern, die dem Licht die Schmalseite zuwenden. Die Blüten sind gelb.

S. herreanus ist eine beliebte Ampelpflanze mit kugeligen, gefensterten Blättern an langen, hängenden Sproßachsen.

S. kleinia (syn. *Kleinia neriifolia*) ist mit weiß bereiften, grünen, in der Sonne roten Trieben ausgestattet, die sich nach der Blüte quirlig verzweigen. Im Sommer erscheinen längliche Blätter als Schopf an den Sproßenden.

S. rowleyanus wird im Volksmund auch als Perlenschnur bezeichnet und sieht *S. herreanus* ähnlich. Sie wächst aber deutlich freudiger und erfreut zudem durch zimtduftende Blüten.

S. scaposus bildet Rosetten aus langen, zylindrischen, nur anfänglich weißfilzigen Blättern an kurzen Stämmen. Die Blüten sind gelb. Die Varietät var. *caulescens* unterscheidet sich von der Art durch die Ausbildung bis 40 cm langer, fingerdicker, verzweigter Stämmchen. Außerdem sind die Blätter stärker abgeflacht.

S. stapeliiformis zeichnet sich durch kantige, von der Basis verzweigte, stapelienähnliche Triebe mit harten schuppigen Blättchen und scharlachrote Blüten aus.

Stapelia

Aasblume, Ordensstern

Stapelia gigantea

Stapelia variegata

Stapelia gigantea hat wahrlich gigantisch große (25 - 35 cm im Durchmesser) Blütensterne. Die feine, wellige Zeichnung durch rote Querschwielen wirkt darauf sehr dezent.

Stapelia variegata weist eine größere Zahl von Unterarten auf und ist häufiger Kreuzungspartner bei gärtnerischen Züchtungen. Wen wundert das bei dem prächtigen Aussehen?

Allgemeines: Die Pflanzen dieser zu den südafrikanischen Stammsukkulenten gehörenden Gattung aus der Familie der Seidenpflanzengewächse (*Asclepiadaceae*) sind nicht sehr auffällig: Die weichen, fleischigen, niederliegenden oder aufrechten, kahlen oder behaarten Sproßachsen sind kantig und gezähnt und verzweigen sich an der Basis. Die Blätter verkümmern zu kleinen, trockenen Schuppen. Prächtig aber sind die riesigen, oft behaarten, radförmigen, fünfzipfeligen, lebhaft, meist braun gefärbten, (nach Aas) stinkenden Blüten.

Pflege: Standort hell, sonnig, jedoch vor praller Mittagssonne geschützt. Schwaches Gießen nur während der Wachstumsperiode im Sommer. In der winterlichen Ruhezeit unter 18°C und trocken halten, die Sprosse jedoch nicht schrumpfen lassen. Flache Gefäße verwenden! Substrat sandig-humos, viel Bims oder Perlite. Artechte Vermehrung nur durch Teilung. Insgesamt stark bastardisiert! Gefährdet durch den pilzlichen »Schwarzen Tod«.

Arten: *S. erectiflora*, Blüten purpurn, dicht weiß behaart, mit zurückgerollten Zipfeln.
S. flavirostris, Blüten purpurn, mit gelben Linien, Zipfel zurückgerollt.
S. gigantea, Blüten hellgelb mit roten, schwieligen Querbändern, leicht rötlich behaart.
S. grandiflora, Blüten rückseits grünlichrot, oben dunkelpurpurn, Ränder mit rötlichen oder weißen Wimpern.
S. longipes, Blüten purpurschwarz mit weiß- oder rötlichgeflecktem Zentrum, rötlich behaart.
S. nobilis, Blüten rot, innen gelblich, rot gemustert, mit langen Wimpern an den Rändern.
S. nudiflora, Blüten purpurbraun mit gelben Querlinien.
S. pillansii, Blüte dunkelpurpurbraun mit purpurnen Randwimpern.
S. semota, Blüten schokoladenbraun mit heller Zeichnung, var. *lutea* hellgelb blühend.
S. variegata (syn. *Orbea variegata*), die bekannteste Art! Blüten gelb, dunkelbraun oder rot gefleckt.

Synadenium

Milchbaum

Synadenium grantii hat seinen volkstümlichen Namen Milchbaum von dem, bei der geringsten Verletzung ausfließenden, weißen Saft, der so giftig ist, daß das Synadenium capulare Todesbaum genannt wird.

Titanopsis calcarea hat nicht nur wunderschöne, goldgelbe, seidig glänzende Blüten, sondern auch eine besonders aparte Zeichnung der Körperoberfläche.

Synadenium grantii

Allgemeines: Von diesen mit *Euphorbia* verwandten, ostafrikanischen Wolfsmilchgewächsen wird bei uns nur eine Art, *S. grantii*, kultiviert. Die Sprosse sind rund, zylindrisch und grün und werden bis 2 cm dick. Die leicht fleischigen, wechselständigen Blätter sind rundlich, oft gefaltet und haben wellige, feingezähnte Ränder, bei der echten Art mit einer rötlichen Mittelrippe. Es gibt dekorativere Handelsformen mit dunkelroten oder grün-rot gefleckten Blättern. Die kleinen, dunkelroten Blüten – wie bei den Euphorbien Cyathien – sitzen in Blütenständen an der Spitze oder in Achseln der Sprosse.

Pflege: Standort warm, hell und vollsonnig. Im Winter fallen die Blätter ab, im Sommer nur im Schatten. Im Sommer viel (!) gießen, im Winter nur wenig. Damit die Pflanzen auch wirklich dekorativ und buschig wachsen, muß man sie öfter stutzen. Man kann auch mehrere Stecklinge in einen Topf setzen. Vermehrung durch Stecklinge oder Samen.

Titanopsis

Titanopsis calcarea

Allgemeines: Die Blätter der stammlosen, klumpenbildenden, rosettigen Mittagsblumengewächse sind gegen die Spitzen zu spatelig oder keulig verdickt und dort dicht mit runden oder fast viereckigen Warzen besetzt. Diese Warzen und die bläulichgrüne, rötliche oder gelblichweiße Farbe dienen zur Tarnung der Pflanzen in der Natur zwischen Kalkgestein (»Mimesepflanzen«). Die Blüten sind gelb oder orange.

Pflege: Standort hell und warm, am besten unter Glas. Auch im Sommer nur wenig gießen. Am besten gedeihen die etwas heiklen Pflanzen in sandigem Substrat mit Kalkmörtel-Zusatz. Vermehrung über Samen.

Arten: *T. calcarea*, schönste Art mit bis 8 cm breiten Rosetten. Blätter hellgrün-bläulich mit rötlich-grauweißen Warzen. Goldgelbe bis orangefarbene Blüten.

T. fullerii, blaugrau-rötliche Blätter mit Warzen nur am Rand, dunkelgelbe Blüten.

T. primosii, hellgrau-grüne Blätter mit blasenartigen Warzen, gelbblühend.

T. schwantesii, ähnlich der vorigen Art, ebenfalls gelbblühend.

Tradescantia

Tradescantia navicularis

Allgemeines: Einige wenige Arten der mittelamerikanischen und peruanischen Gattung aus der Familie der Commelinengewächse (*Commelinaceae*) zählen zu den Blattsukkulenten.
Pflege: Ampelpflanzen, sehr anspruchslos! Standort hell, sonnig, aber nicht zu heiß. Überwinterung um 8 °C. Nur wenig gießen und niemals direkt auf die Blätter, regelmäßig düngen während der Wachstumsperiode. Vermehrung durch Samen oder durch Stecklinge sehr leicht.
Arten: *T. crassifolia*, eine Rarität mit himmelblauen Blüten in Knäueln an runden, gebogenen, behaarten Sprossen.
T. navicularis (Schiffchen-Tradeskantie) mit gegenständigen, dachziegelartig übereinanderstehenden, bootförmig aufgebogenen Blättern, die dickfleischig und auf der Rückseite deutlich gekielt sind. Ihre Farbe ist graugrün mit dichten violetten Punkten, die Ränder tragen Wimpern. Die zickzackförmigen, kriechenden, kurzgegliederten Sprosse werden ziemlich lang. Kleine, rosa Blüten stehen in Trugdolden.
T. sillamontana hat weißbehaarte Blätter und rosa Blüten.

Trichocaulon

Trichocaulon cactiforme

Allgemeines: Diese aus Südafrika stammenden Seidenpflanzengewächse sehen fast wie Kakteen aus, denn die runden, zylindrischen, gurkenähnlich dicken Sprosse sind dicht mit Warzen bedeckt, welche Borsten tragen. Die kleinen Blüten sitzen zu mehreren zwischen den Warzen, meist am Ende des Triebs.
Pflege: Die Pflanzen sind ausgesprochen schwierig zu pflegen, weil sie ständig von Wurzelfäule bedroht sind. Deshalb nur soviel gießen, daß die Wurzeln nicht austrocknen, von Januar bis Juni absolut trocken halten. Standort sehr sonnig und warm, während der Ruhezeit nicht unter 18° C. Viel Sand, Perlite und Bims im Substrat, die Töpfe in Bims einsenken und diesen feucht halten. Pfropfen auf *Ceropegia woodii* oder *Stapelia*.
Arten: *T. clavatum* (syn *T. cactiforme*), bis 15 cm hohe, wachsig bereifte Sprosse, cremefarbene bis gelbliche Blüten mit roten oder dunkelbraunen Punkten.
T. columnare, Blüten außen rotgefleckt, innen gelblichgrün, rotgepunktet, weiß behaart; relativ pflegeleicht.

Trichodiadema

Trichodiadema mirabilis

Allgemeines: Die Gattung aus der Familie der Mittagsblumengewächse umfaßt niedrige Sträucher mit kurzen, schlanken, krummen Ästen und kleinen, rundlichen, beborsteten, papillösen, durch Tautropfen im Gegenlicht wie ein Diadem glitzernden Blättern. Den Nachttau brauchen die Pflanzen in ihrer Heimat zum Überleben. Die Blüten sind weiß, gelb oder rot.
Pflege: Anspruchslos, wüchsig, blühwillig! Standort sehr sonnig, luftig, im Sommer auch im Freien, reichlich gießen. Überwinterung allerdings trocken und hell, bei über 8 ° C. Die pflegeleichten Pflanzen werden durch Samen und Stecklinge vermehrt.
Arten: *T. barbatum*, graugrüne Blätter mit schwarzen Borsten, Blüten hochrot.
T. densum, sehr blühwillige Art, Blätter mit langen weißen Borsten an den Blattspitzen, karminrote, große Blüten.
T. mirabilis, zylindrische Blätter mit dunkelbraunen Borsten und weißen Blüten.
T. aureum blüht gelb, *T. occidentalis* sowie *T. gracilis* rosa, *T. setuliferum* und *T. stellatum* violett.

Von den zahlreichen Arten der Gattung Tradescantia trägt die Schiffchen-Tradeskantie, Tradescantia navicularis, am deutlichsten Zeichen von Sukkulenz.

Bei Trichocaulon cactiforme (syn. T. clavatum) sind die 4 - 6 cm im Durchmesser dicken, zylindrischen oder kugeligen Sprosse dicht mit Warzen besetzt.

Die kleinen Büsche von Trichodiadema mirabilis werden 8 - 10 cm hoch. Lustig sehen die dunkelbraunen, kurzen Borstenschöpfe an den Enden der Blätter aus.

Extra-Tip
Trichodiadema densum **ähnelt stark** ***Dolichothele*****, einer Kakteengattung – ein weiterer Fall von Konvergenz bei Sukkulenten.**

Tips für Kauf und Gestaltung

Die Suche nach bestimmten Kakteen und anderen Sukkulenten kann mitunter so aufregend sein wie die Jagd nach seltenen Briefmarken. Ein Sammler schwört auf seine Bezugsquellen für ausgefallene Raritäten, die der allgemeine Blumenhandel nicht anbietet. Aber auch das normale Sortiment des Blumenfachhandels, der Staudengärtnereien, der Gartencenter, ja sogar der Supermärkte ist reichhaltig und liefert viele Möglichkeiten für attraktive Bepflanzungen von Schalen, Töpfen, Kübeln und Trögen für drinnen und draußen.

Terrakotta-Vasen* mit Kaskaden von Gazanien und Taublumen, *Drosanthemum

Sukkulenten für drinnen und draußen

Hat die Parade der Kandidaten für die Schönheitskonkurrenz der Kakteen und anderen Sukkulenten Lust gemacht, selbst Jury zu spielen? Wer sich seinen Favoriten gar selbst ins Haus holen will, sollte allerdings gut überlegen. Schönheit allein bringt vielleicht nicht auf Dauer Freude. Man sollte die eigenen Fähigkeiten und Erfahrungen als Pfleger exotischer Pflanzen, die räumlichen Gegebenheiten bedenken und die diesbezüglichen Erkenntnisse bei der Entscheidung für die Auswahl einfließen lassen. Obwohl Sukkulenten im allgemeinen keine großen Ansprüche in Haltung und Pflege stellen, sind doch für Anfänger nicht alle gleich gut geeignet.

Kauftips für Sukkulenten

Erste Voraussetzung für eine erfolgreiche Haltung ist, wie bei allen Pflanzen der Kauf gesunder Exemplare. Und genau hier beginnt schon der Ärger für einen unerfahrenen Laien. Woran erkennt man, ob eine Pflanze gesund ist? Ist das auch beim oft gesehenen Standardsortiment unserer Blumenläden nicht einfach, um wieviel schwieriger erst bei Exoten, deren normaler, natürlicher Habitus dem Käufer oft gar nicht bekannt ist.

Ein kritischer Blick sollte auf Topf und Substrat fallen. Beides darf weder verschimmelt noch veralgt sein. Saubere Gefäße lassen vermuten, daß auf Pflanzenhygiene bei der Aufzucht geachtet wurde. Und nachdem man ja im Laden nicht austopfen kann, um zu sehen, ob das Wurzelwerk Faulstellen aufweist oder darin Schädlinge nisten, wäre dies eine Art Garantieschein. Flecken auf den fleischigen Blättern oder Körpern sollten stutzig machen. Ob durch Krankheit, Schädlinge, Sonnenbrand oder was auch immer verursacht, sind sie mindestens Schönheitsfehler. Auch die bei vielen Sukkulenten und Kakteen anzutreffende Bereifung muß intakt sein. Verdorrte Blattspitzen z. B. an Agaven oder Aloen sollten vom Kauf abhalten. Und noch ein Tip: Beim Fachmann, in einer Sukkulenten- oder Kakteengärtnerei, ist die beste Gewähr gegeben, daß man gut bedient und beraten wird.

Sukkulenten für Anfänger

Im folgenden Kasten finden Sie Empfehlung für Sukkulenten, die auch für Anfänger geeignet sind. Meist werden sie vom Handel in Minitöpfen als kleine Jungpflanzen angeboten, wachsen dann aber sehr rasch.

Sukkulenten mit wenig Platzbedarf

Agavaceae
Agave filifera var. *compacta*, *A. maculosa*, *A. parviflora*, *A. pumila*

Aizoaceae
Argyroderma delaetii, *A. pearsonii*
Cephalophyllum-Arten,
Cheiridopsis candidissima,
Conophytum bilobum, *C. cupreatum*, *C. pearsonii*, *C. spec.*
Dorotheanthus, einschließlich Hybriden
Faucaria felina, *F. lupina*, *F. tuberculosa*,
Fenestraria aurantiaca,
Frithia pulchra
Gibbaeum dispar, *G. velutinum*,
Glottiphyllum fragrans, *G. linguiforme*
Lithops aucampiae, *L. bella*, *L. bromfieldii*, *L. erniana*, *L. hallii*, *L. marmorata*
Oophytum,
Ophthalmophyllum praesectum,
Oscularia
Pleiospilos bolusii
Rhombophyllum, alle Arten,
Ruschia uncinata
Schwantesia
Titanopsis calcarea

Asclepiadaceae
Caralluma frerei, *C. hesperidum*
Huernia zebrina
Stapelia variegata
Trichocaulon clavatum

Compositae
Senecio articulatus, *S. kleinia*

Crassulaceae
Adromischus maculatus,
Crassula arta, *C. barbata*, *C. dejecta*, *C. hemisphaerica*, *C. tomentosa*
Dudleya farinosa
Graptopetalum filiferum x *Graptoveria*
Kalanchoe blossfeldiana,
Sedum caeruleum, *S. compactum*, *S. palmeri*

Euphorbiaceae
Euphorbia caput-medusae, *E. horrida*, *E. obesa*

Liliaceae
Aloe haworthioides, *A. humilis*, *A. parvula*, *A. polyphylla*, *A. variegata*
Gasteria armstrongii, *G. liliputana*, *G. maculata*, *G. pulchra*, *G. verrucosa*,
Gastrolea beguinii
Haworthia bolusii, *H. fasciata*, *H. reinwardtii*, *H. setata*, *H. truncata*

Portulacaceae
Anacampseros alstonii, *A. filamentosa*, *A. papyracea*

Crassula-Arten können einen bizarren Habitus entwickeln und lassen sich gut als Baumminiaturen in kleinen Gefäßen kultivieren. Wer ihre Entwicklung vorantreiben möchte, kann sie nach dem Aufenthalt in den dekorativen Bonsai-Schalen auch in größere Töpfe umsetzen.

Madagaskarpalmen sind robuste, pflegeleichte Zimmergenossen, die höchstens zuviel Nässe und Fußkälte übelnehmen. Als Topfpflanzen am bekanntesten sind Pachypodium lamerei, Pachypodium geayi und Pachypodium saundersii.

Sukkulenten im Freien

Viele Pflanzenliebhaber verfügen nur über kleinere Gärten, Balkons oder Terrassen, möchten aber dennoch nicht auf eine Auswahl an Sukkulenten verzichten. Hier sind besonders Fetthenne (*Sedum*), Hauswurz (*Sempervivum*) oder kleinere Opuntien geeignet, die man gut in Schalen, Kübeln, Erdbeertöpfen oder Trögen halten kann. Gute Nachbarn im Pflanzgefäß können zum Beispiel zwergige Nadelgehölze, niedrige Gräser oder krustige Saxifragen sein. Auch Lewisien, Grasnelken oder Zwerg-Strohblumen können mit *Sedum* und *Sempervivum* zusammenstehen. Wer für einige Wochen in den Urlaub fährt, braucht sich um diese Bepflanzungen nicht zu sorgen. Sie sind an Trockenperioden bestens angepaßt!

Größere Sukkulenten oder Trockenheit und Hitze liebende Pflanzen wie Agaven oder Yuccas können als Leitpflanzen im Beet dienen und sehen mit Mittagsblumen unterpflanzt sehr exotisch aus. Wichtig: Yucca und Agaven sind bei uns nicht winterhart – daher senkt man sie mit dem Gefäß in die Erde ein und holt sie vor Einbruch der Fröste wieder aus dem Boden, um sie im Haus hell und kühl zu überwintern. Die härteste Mittagsblumenart ist übrigens *Delosperma rubigineum* (syn. *Delosperma othonna*). Sie bedeckt schnell größere Flächen, läßt sich aber leicht zurückschneiden, wenn der Überfluß stört.

Empfehlenswerte Sedumarten

Sedum acre var. *minus, S. album var. chloroticum, S. album* var. *micranthum, S. atlanticum, S. beyrichianum, S. humifusum, S. obtusatum, S. pluricaule, S. quadrifidum, S. spathulifolium, S. ternatum.*

Empfehlenswerte Sempervivum-Arten

Sempervivum ballsii, S. leucanthum, S. macedonicum, S. octopodes, S. ossetiense, S. pittonii, S. pumilum, S. reginae-amaliae, S. thompsonii.

Empfehlenswerte Opuntia-Arten

O. fragilis var. *fragilis, O. fragilis* var. *denuata, O. humifusa* var. *humifusa, O. phaeacantha* 'Minor', *O.* 'Smithwick'.

Kauftips für Kakteen

Was für die übrigen Sukkulenten gilt, trifft auf Kakteen in besonderem Maße zu. Man sieht ihnen nicht immer auf den ersten Blick an, ob sie gesund sind, sich wohlfühlen. Ihr oft dichtes Stachel- oder Haarkleid läßt manchmal geraume Zeit nicht mal erkennen, daß sie schon abgestorben sind. Damit so etwas möglichst vermieden wird, sollte man nur Gattungen bzw. Arten wählen, bei denen die Gefahr eines solchen Verlustes nicht so groß ist. Gerade Anfänger sind fasziniert vom Blühen der Kakteen. Sie kaufen jeden Kaktus in der Hoffnung, ihn zum Blühen bringen zu können. Auch in dieser Hinsicht soll die auf Seite 128 folgende Vorschlagsliste mithelfen, Enttäuschungen tunlichst zu vermeiden.

Sukkulenten mit größerem Platzbedarf

Agavaceae
Agave filifera, A. shawii, A. utahensis, A. victoriae-reginae

Aizoaceae
Trichodiadema densum

Apocynaceae
Adenium obesum var. multiflorum
Pachypodium geayi, P. lamerei, P. rutenbergerianum,
Plumeria rubra

Asclepiadaceae
Ceropegia dichotoma, C. fusca, C. woodii

Commelinaceae
Tradescantia-Arten

Compositae
Senecio crassissimus, S. haworthii, S. herreanus, S. medley-woodii, S. rowleyanus, S. scaposus, S. sempervivus, S. stapeliiformis

Crassulaceae
Aeonium arboreum, A. arboreum var. *atropurpureum, A. haworthii*
Cotyledon orbiculata, C. orbiculata var. *dinteri, C. undulata,*
Crassula arborescens, C. corymbulosa, C. falcata, C. portulacea, C. pyramidalis, C.rupestris
Dudleya pulverulenta
Echeveria agavoides, E. elegans, E. leucotricha, E. laui, E. pulvinata und viele Hybriden wie 'Perle von Nürnberg'
Kalanchoe fedtschenkoi, K. manginii, K. pumila, K. rhombopilosa, K. tomentosa
Pachyphytum oviferum, P. bracteosum
Sedum nussbaumerianum, S. rubrotinctum, S. sempervivoides
Sempervivum tectorum und viele Arten

Euphorbiaceae
Euphorbia bubalina, E. grandicornis , E. polygona, E. pseudocactus, E. submammillaris, E. woodii
Monadenium coccineum
Pedilanthus tithymaloides
Synadenium grantii

Geraniceae
Pelargonium-Arten wie P. carnosum oder P. tetragonum

Liliaceae
Aloe arborescens, A. aristata, A. descoingsii, A. ferox, A. variegata

Verschiedene Sedum- und Sempervivum-Arten sind in dieser Schale vereint, die nur etwa 40 cm Durchmesser aufweist. Einen allzu großen Kampf um Nährstoffe und Wasser gibt es bei dieser genügsamen Pflanzengesellschaft nicht. Dennoch sollte man sie ab und zu ausdünnen, teilen und neu arrangieren. Der Standort für eine solche Schale kann ein heller und vor allem luftiger Fensterplatz sein. Im Sommer darf dieses Arrangement auch draußen stehen, muß aber vor Regen geschützt werden, um Fäulnis zu vermeiden.

Üppig bepflanzte Sukkulentenschale

Standort und Gefäße

Ist man erst einmal vom Kakteenfieber infiziert – und das schafft oft schon ein einziger, vielleicht blühender Kaktus – stellt sich meist sehr rasch eine wahre Sammelleidenschaft ein. Es ist wie beim Briefmarkensammeln: Man kann Gattungen oder Motive sammeln – etwa nur behaarte Arten, oder nur Blattkakteen. Aber man kann sich auch einfach Schönheiten nach seinem ganz persönlichen Geschmack zusammensuchen.

Da bis auf epiphytische Arten, alle Kakteen sehr licht- und sonnenhungrig sind, kommt zum Aufstellen der stacheligen Schätze immer nur ein Fensterplatz im wörtlichen Sinne in Frage. Der Platz am Fenster ist leider immer begrenzt. Welche und wieviele Pflanzen man dort unterbringen muß, kann oder sollte, hängt nicht zuletzt von den persönlichen Ambitionen des Sukkulentenliebhabers ab. Ein Fanatiker, der seine Sammlung vervollständigen will, wird jede Möglichkeit der Platzgewinnung nutzen. Da das Lichtangebot im Rauminneren sehr rasch abnimmt, darf die Fensterbank auch nicht zu tief sein, also höchstens etwa 50 cm. Bei Kakteen, die säulig oder kugelig, aber in der Regel nicht über den Topfrand wachsen, können die Töpfe dicht an dicht gestellt werden, sofern sie in Größe und Form möglichst einheitlich sind. Vorteilhaft sind dafür Vierkanttöpfe aus Plastik. Eine andere Möglichkeit ist das Einsenken der Töpfe in Schalen, falls man nicht sogar direkt in die Schalen pflanzt. Man kann so nicht nur verschieden große und geformte Gefäße »verstecken«, sondern die Pflanzen auch hübsch gruppieren. Besonders gut für das Fensterbrett eignen sich rechteckige oder ovale Tröge aus den unterschiedlichsten Materialien: Holz, Zinkblech, Kupfer, Messing, Styropor, Ton oder Keramik, Glas, Plastik. Je nach der Wahl von Form und Farbe werden solche Sammelgefäße selbst zum gestalterischen Element.

Besonders blühwillige Kakteenarten

Acanthocalycium glaucum, A. violaceum
Aporocactus flagelliformis, Hybriden
Astrophytum asterias, A. capricorne, A. myriostigma
Chamaecereus silvestrii,
Cleistocactus vulpis-cauda
Dolichothele baumii, D. longimamma
Echinocereus acifer, E. dasyacanthus, E. fendleri, E. fitchii, E. hempelii, E. salmdyckianus, E. pentalophus
Echinofossulocactus arrigens, E. crispatus, E. lamellosus, E. multicostatus, E. vaupelianus,
Echinopsis aurea, E. kermesina, E. kratochviliana, E. tubiflora, viele Hybriden, meist mit Lobivia und Trichocereus
Epiphyllum-Hybriden
Gymnocalycium andreae, G. baldianum, G. bruchii, G. damsii, G. gibbosum, G. leeanum, G. mihanovichii, G. quehlianum
Hamatocactus setispinus
Heliocereus speciosus
Hildewintera aureispina
Hylocereus undatus
Lobivia arachnacantha, L. binghamiana, L. densispina, L. famatimensis, L. glauca, L. oligotricha, L. tiegeliana, L. westii, L. winteriana
Lophophora williamsii
Mammillaria backebergiana, M. bella, M. bocasana, M. brauneana, M. elongata, M. gracilis, M. hahniana, M. klissingiana, M. kunzeana, M. longiflora, M. microhelia, M. mystax, M. neocoronaria, M. prolifera, M. schiedeana, M. spinosissima, M. viereckii, M. wildii, M. woodsii, M. zeilmanniana
Neoporteria atrispinosa, N. gerocephala, N. subgibbosa, N. villosa
Nopalxochia phyllanthoides
Notocactus concinnus, N. haselbergii, N. herteri, N. leninghausii, N. mammulosus, N. ottonis, N. pampeanus, N. rutilans, N. scopa, N. tabularis, N. uebelmannianus
Opuntia azurea, O. bergeriana
Parodia chrysacanthion, P. mairanana, P. mutabilis, P. nivosa, P. penicillata, P. procera, P. sanguiniflora
Rebutia (Aylostera) albiflora, R. deminuta, R. heliosa, R. kupperiana, R. marsoneri, R. pseudodeminuta, R. violaciflora
Rhipsalidopsis gaertneri, R. rosea
Schlumbergera russeliana, Sch. truncata
Selenicereus grandiflorus, S. pteranthus

Die richtige Gruppierung

Wichtig dafür ist, daß die Proportionen zwischen Pflanzengröße und -höhe und derjenigen der Schale stimmen. Eine hohe Gefäßwand, über die die Pflanzen kaum herausragen, wäre optisch unvorteilhaft. In diesem Zusammenhang ist es günstig, daß die meisten Kakteen und anderen Sukkulenten Flachwurzler sind. In der Regel genügt für größere Schalen eine Höhe von 10-15 cm. Gleichmäßig tiefe sind flachauslaufenden Schalen vorzuziehen. Immer sollte man jedoch auf eine Höhenstufung bei der Pflanzenanordnung achten: Höhere Arten gehören nach hinten, also zur Raumseite hin. Nach vorne hin wird dann abgestuft. Kombinieren Sie Säulen mit Kugeln und strauchigen Formen, das sieht sehr wirkungsvoll aus. Sehr hübsch machen sich »Bodendecker«, die über den Rand hängen. Ob man sich eher für eine Bepflanzung Ton in Ton, oder eher für bunte Abwechslung entscheidet, bleibt dem persönlichen Geschmack überlassen. Fast alle Vorstellungen lassen sich allein mit Kakteen oder nur mit anderen Sukkulenten, die generell schneller wachsen oder auch als Mischung aus beiden verwirklichen.

Blühende Schlumbergera-Hybriden – ein aufregendes Farbenspektakel auf der Fensterbank, das den grauen Winteralltag vergessen läßt. Die einfarbig glasierten Keramikübertöpfe ordnen sich den Pflanzen unter.

Kakteen-Frühling am Fenster. Oft stecken die beinahe abweisenden, dornigen Kugeln und Säulen buchstäblich über Nacht ihre bunten Blüten auf und zeigen, zu welcher Pracht sie fähig sind.

Gestaltungsvorschläge

Vielleicht helfen ein paar konkrete Vorschläge, jeweils gedacht für eine Schalengröße von 50x20 cm oder 30-35 cm im Durchmesser:

Minilandschaft in Weiß: Für den Hintergrund wählt man etwa einen *Cleistocactus straussii*, der ein- oder noch besser mehrsäulig und etwa 30-40 cm hoch sein sollte. Daneben wirkt eine *Opuntia microdasys* var. *albata*, ein *Cephalocereus senilis* oder eine *Espostoa lanata* äußerst dekorativ. Davor könnte man ein etwa tennisballgroßes *Astrophytum myriostigma* und zwei bis drei hübsche weißbestachelte oder -bewollte Mammillarien, etwa *Mammillaria woodsii, M. viereckii, M. bocasana*, oder Parodien, vielleicht *P. nivosa* stellen. Sehr gut würde dazu auch *Aylostera deminuta* passen, eine reich sprossende Art, die über den Schalenrand herausragen kann. Eine Alternative zum stacheligen Weiß wären vielleicht auch *Cotyledon undulata* oder *Senecio haworthii* in einem älteren, verzweigten Exemplar. Am besten wäre eine etwa 30 cm hohe Pflanze, garniert mit *Kalanchoe scapigera* oder *Kalanchoe tomentosa*, davor *Pachyphytum oviferum, Crassula* 'Morgans Beauty', *Echeveria laui* und als «Überhänger» vielleicht *Sedum morganianum*. Zur weißen Bepflanzung kontrastiert am wirkungsvollsten eine schlichte dunkle Schale. Auf die Substratabdeckung soll später noch eingegangen werden.

Ton-in-Ton-Kombinationen: Wer genau hinsieht, entdeckt, daß die Körper von Kakteen und auch die anderen Sukkulenten über ihre Bedornung oder Bereifung kühle Blau-Silbertöne oder warme Grün-Goldtöne ausstrahlen. Dieser Effekt läßt sich dadurch verstärken, daß man die Schalen passend zu diesen Nuancen wählt und dadurch die Färbung noch unterstreicht. So wirken zum Beispiel braun- oder goldbestachelte Kakteen und gelbgrüne Sukkulenten besonders schön in grünen, hellbraunen oder cremefarbenen Gefäßen, während die Schönheit blau-silbriger Vertreter in blauen, schneeweißen oder türkisfarbenen Gefäßen besser zur Geltung kommt.

Bunte Mischung: Wem soviel Weiß zu langweilig erscheint, der bevorzugt möglicherweise eine bunte Mischung. Im Zusammenhang mit Kakteen bezieht sich das nicht nur auf den farblichen Gesamteindruck, sondern auch auf Stachelform und -färbung. Ein blaugrüner monströser *Cereus jamacaru*, ein weißbehaarter, braunrot bestachelter *Oreocereus trollii*, eine rotgepunktete *Opuntia microdasys* var. *rufida*, eine weißbestachelte Mammillarienkugel, etwa *M. klissingiana*, eine goldgelbe *Parodia*, vielleicht *P. chrysacanthion*, eine sattgrüne *Rebutia violaciflora* und ein rötlichbraun gebändertes *Gymnocalycium mihanovichii* gemeinsam nett arrangiert, ergibt einen prächtigen Querschnitt durch die bunte Welt der Kakteen. Bei den anderen Sukkulenten ist die Auswahl noch größer: Als Baum am Horizont der Schalenlandschaft würde sich vorzüglich ein *Aeonium arboreum* var. *atropurpureum* machen, vielleicht noch flankiert von *Euphorbia submammillaris* und *Kalanchoe tomentosa*. Im Vordergrund könnten eine *Faucaria*, eine *Aloe aristata* oder *Haworthia papillosa* mit *Echeveria derenbergii* und ein paar *Lithops* ihre ganz interne Schönheitskonkurrenz austragen. Überhängend würde ausgezeichnet eine *Stapelia* dazu passen.

Selbstverständlich sind die beschriebenen Möglichkeiten zur Bepflanzung nur als Anregung zu verstehen. Mit etwas Geschick und Phantasie läßt sich jeder Kaktus, jede noch so einfache Sukkulente in ein wirkungsvolles Arrangement eingliedern. Dessen Wirkung kann allerdings ganz verschieden ausfallen: Von kühl-sachlich mit streng geometrischen Säulen- und Kugelformen bis verspielt-arabesk mit bizarr gewundenen und verästelten Pflanzengestalten.

Dekorative Sonderlinge

Viele Kakteenfreunde reizt gerade das Schwierige. Sie möchten Arten heranziehen, die in Kultur nur selten oder im hohen Alter blühen oder finden gerade komplizierte Spezies oder bizarre Sonderlinge besonders interessant. Nachstehend eine kleine Aufzählung von Kakteen, die nur selten oder spät blühen:

Austrocephalocereus dybowskii
Borzicactus icosagonus, B. samaipatanus
Cephalocereus senilis
Cereus peruvianus, C.jamacaru und monströse Formen
Cleistocactus straussii
Echinocactus grusonii, E. horizonthalonius, E. ingens
Echinocereus pectinatus var. *rigidissimus*, var. *rubrispinus*
Espostoa lanata, E. melanostele, E. nana
Eulychnia saint-pieana, E. spinibarbis
Ferocactus glaucescens, F. latispinus, F. robustus, F. wislizeni
Haageocereus albispinus, versicolor
Lemaireocereus thurberi
Leuchtenbergia principis
Myrtillocactus geometrizans
Notocactus magnificus
Opuntia clavarioides (Austrocylindropuntia), O. microdasys mit Varietäten, *O. rufida*
Oreocereus celsianus, O. fossulatus, O. maximus, O. trollii
Pilosocereus pachycladus, P. rosalensis
Stetsonia coryne

Ton-in-Ton-Kombinationen

Silber-Blau-Kombination. In der etwa 33 x 22 cm großen ovalen, blauglasierten Bonsai-Schale stehen zwei Prachtexemplare der pinkfarben blühenden Mammillaria kunthii sowie verschiedene kleine, blaubereifte Sukkulenten. Als Abdeckung wurden hier schneeweiße Steinchen verwendet.

Braun-Grün-Gold-Kombination. Die nur 22 x 16 x 6 cm große Schale beherbergt eine Opuntie sowie Brasilicactus haselbergii und Mammillarien. Für die Abdeckung wurden hier beigefarbene Steinchen gewählt. Sehr hübsch dazu: Die dekorativen Zolo-Figuren, die wie die Kakteen aus Amerika kommen.

Gestaltung der Substratoberfläche

Der Charakter einer Komposition aus Schale und Bepflanzung kann noch durch die Gestaltung der Substratoberfläche unterstrichen werden. Eine Abdeckung des eigentlichen Wurzelungsmediums empfiehlt sich in jedem Fall. Es sieht nicht nur schöner aus, es bringt auch Vorteile beim Gießen. Als Material kommen in Frage: Sand, runde Kiesel, kantiger Split, Blähton, Kohlegrus, Ziegelschotter, Glasperlen und noch einiges mehr. Vom Sand abgesehen, kann die Körnung von einigen Millimetern bis zu mehreren Zentimetern reichen. Man kann unifarben eindecken, aber auch Teilflächen in Material und Farbe voneinander abheben. Mit natürlichen Materialien, also hellem Kalkstein-, dunklem Granit-, rötlichem Porphyrbruch, gelbem oder weißem Sand kann man die Natur weitgehend nachahmen. Oder soll der Geschmack der 50er Jahre aufleben? Kakteenkies gibt es in allen Farben zu kaufen. Ob das kitschig ist, darüber läßt sich ebenso streiten wie über Gartenzwerge. Zumindest Kinder finden ein buntgekiestes Sukkulentenschälchen niedlich und lustig. Damit die verschiedenfarbigen Kiesel beim Gießen nicht durcheinander geraten, empfiehlt es sich, die Kiesschicht mit Klarlack zu besprühen, die Steinchen verkleben dann untereinander.
Schale, Pflanzen und Abdeckung sollten miteinander harmonieren, aber auch kontrastieren. Brauner Blähton wirkt auf einer hellen Schale besser als auf einer dunklen, bei Sand ist es genau umgekehrt. Eine grobe Körnung setzt eine gewisse Pflanzengröße voraus. Eine ruhige Sandoberfläche wird durch einen Felsbrocken, eine bizarre, knorrige Wurzel belebt, die auf grobem Kies optisch »untergehen« würden. Jeder kann seiner Phantasie und seinem Geschmack freien Lauf lassen.
So hübsch Schalen auch immer anzusehen sind, man darf nicht erwarten, jahrelang daran Freude zu haben. Die »anderen Sukkulenten«, mehr noch als die Kakteen, wuchern gerne und sind nicht allzu lange in der gewünschten Form und Größe zu halten. Man wird sich also auf ein Auswechseln einstellen müssen.

Frei ausgepflanzte Sukkulenten

Grundregeln, die für ein Schalenarrangement gelten, treffen auch auf Landschaftsgestaltungen im Blumenfenster oder Wintergarten zu. Ob das Kleinklima eines solchen für Sukkulenten überhaupt zuträglich ist, hängt von seiner Lage und Ausstattung ab. Schlechte Lüftungs– und Heizungsmöglichkeiten und damit zu hohe Luftfeuchtigkeit wären problematisch (ausgenommen für epiphytische Arten). Dem freien Auspflanzen in Grund- oder Tischbeete wäre das Einsenken von getopften Pflanzen vorzuziehen. Da das Licht nicht einseitig, sondern vor allem von oben einfällt, kann allein »auf Schau« angeordnet werden. Sofern genügend Platz vorhanden ist, sollte man mehrere Exemplare der gleichen Art oder Gattung, aber ruhig auch einmal größere und kleinere, in Gruppen zusammensetzen. Allerdings müssen genügend Freiflächen bleiben, nur dann kommt der ungewöhnliche Habitus der exotischen Schönheiten voll zur Geltung.

Solitärpflanzen

Und nun noch ein Wort zu sukkulenten Solitärpflanzen, die für jeden Zimmergärtner etwas Besonderes sein können. Im Blumenhandel findet man mit Sicherheit mehrere Euphorbien, etwa *E. canariensis, E. candelabrum, E. cooperi, E. milii* mit zahlreichen Varietäten, *E. grandicornis* oder *E. trigona*, immer häufiger auch *Aeonium arboreum*-Varietäten. Fast eine Modepflanze wurde *Pachypodium lamerei*, die Madagaskarpalme, die als niedliches »Pälmchen« erworben, nach einigen Jahren aber zum stattlichen, exotischen Akzent vor der sonnigen Fensterwand werden kann. Immer öfter werden diese Sukkulenten auch in Hydrokultur angeboten. Eine ausgefallene »Blattpflanze«, die etwas hermacht, ist *Kalanchoe beharensis*, das Samtblatt. Auf die Unverwüstlichkeit einer *Sansevieria* – vor allem auch an ungünstigen, schattigen Standorten – braucht kaum hingewiesen werden. Die volle Schönheit seiner Blattzeichnung entfaltet der Bogenhanf, der im übrigen schnell auch große Töpfe füllt, allerdings nur in der Sonne. Nicht vergessen werden dürfen herrliche Agavenarten, etwa *A. victoriae-reginae, A. utahensis oder A. americana*, die im Sommer Terrasse und Balkon als Kübelpflanzen bereichern, während sie im Winter ein kühles, helles Treppenhaus begrünen können.

Sukkulenten für Ampeln

Manche Sukkulenten ergeben eine interessante, alternative Ampelbepflanzung, so etwa *Sedum morganianum, Senecio radicans, Kalanchoe uniflora, Kalanchoe pumila, Ceropegia woodii, Crassula perforata, Crassula socialis* und nicht zu vergessen die herrlich blühenden, epiphytischen Kakteen.

Frei ausgepflanzte Kakteen können sich ungleich prachtvoller entfalten als in Töpfen gehaltene. Der Standort in einem Wintergarten mit Licht von allen Seiten trägt dazu bei, daß sich die roten, goldenen, silbernen oder braunen Farben der Bedornungen besonders intensiv entwickeln.

Frei ausgepflanzte Kakteen

Art	Blütezeit	Blütenfarbe	Platzbedarf
Aeonium arboreum var. *atropurpureum*	Januar/Februar	goldgelb	breiter
A. cunatum	Januar/Februar	hellgelb	breiter
A. gomerense	Januar/Februar	ockerfarbig	breiter
A. hierrense	Januar/Februar	hellrosa	breiter
A. urbicum	Januar/Februar	weiß, grünlich oder rosa überhaucht	breiter
Aloe Albiflora	Dezember/März	reinweiß	schmal, auch wenig sonnig
A. arborescens	November/Januar	leuchtend rot	breiter
A. haworthioides	November/Januar	blaßorange	breiter
A. saponaria	November/Januar	rotgelb	breit
A. squarrosa	Januar/Februar	rot	schmal
A. variegata	Januar/Februar	hell zinnoberrot	breiter
Crassula albiflora	ab November	weiß	schmal
C. columnaria	ab November	weiß bis gelblich orange	schmal
C. cooperi	ab November	fleischfarbig	schmal
C. lactea	ab November	weiß	breit
C. mesembryanthemopsis	ab November	weiß	schmal
C. 'Morgans Beauty'	Februar/März	rosa	schmal
C. rupestris	ab November	gelblich oder weiß bis rosa	schmal
Echeveria carnicolor	ab November/ Dezember	orangefarben	schmal
E. derenbergii	Januar/April	rötlichgelb bis gelb	schmal
E. elegans	Januar/April	rötlich-gelb	schmal
Graptopetalum paraguayense	ab Februar	gelblichweiß	schmal
Kalanchoe blossfeldiana	Januar/März	scharlachrot	breiter
K. daigremontiana	Januar/März	grauviolett	breit
K. laxiflora	Januar/März	rosa-orange	breit
K. peteri	Januar/April	blaßgelb	breiter
K. pumila	Januar/April	rötlichviolett	breiter
K. tubiflora	Januar/März	orange bis violett	breiter
K. uniflora	Januar/März	rot	Ampelpflanze
Pachyphytum oviferum	ab Januar	grünlich-weiß	schmal
Sedum adolphii	Januar/April	weiß	breiter
S. bellum	Januar/April	weiß	Ampelpflanze
S. nussbaumerianum	Januar/April	weiß	breiter
S. pachyphyllum	Januar/April	gelb	breiter
S. palmeri	Januar/April	orangegelb	breiter
S. rubrotinctum	Januar/April	gelb	breiter
S. stahlii	Januar/April	gelblich-grün	Ampelpflanze
S. treleasei	Januar/April	hellgelb	breiter
Senecio barbertonensis	Februar/April	goldgelb	breit
S. medley-woodii	Januar/April	gelb	breit
S. radicans	ab Dezember	weiß mit gelben bis hellpurpurnen Staubbeuteln	Ampelpflanze
S. rowleyanus	ab November	weiß mit braunvioletten Staubbeuteln	Ampelpflanze
S. spiculosus	Dezember/März	weiß	breit

Die Epiphyllum-Hybriden 'Masada' und 'American Sweetheart' werden in Ampeln gehalten. Sie blühen überschwenglich und sind dann Blickfänge und Attraktion jedes Wintergartens oder Gewächshauses.

Blütezeiten bei Sukkulenten

Wußten Sie, daß es bei den Sukkulenten zahlreiche Winterblüher gibt? Wer sie kennt, kann in der blütenarmen Saison mit diesen Schönheiten Leben in seine Wohnung bringen und sich an dem exotischen Reiz der teilweise eigenartigen Blüten freuen. Die Übersicht links nennt einige Beispiele.

Einen Blühkalender für Kakteen aufzustellen, erscheint gewagt, weil der jeweilige Zeitpunkt der Blüte nicht nur von Jahr zur Jahr variiert, sondern in erheblichem Maße auch von der Kulturführung abhängt. Außerdem sind die Blühtermine der einzelnen Arten ein und derselben Gattung zum Teil weit gestreut. Hier eine kleine Orientierungshilfe:

Von Februar bis Mai blühen

Aporocactus, Astrophytum, Echinocereus fitchii, Echinofossulocactus, Echinopsis, Epiphyllum, Gymnocalycium bruchii, Mammillaria viereckii, M. woodsii, M. wildii, M. zeilmanniana, Notocactus, Nopalxochia, Parodia chrysacanthion, Rebutia, Rhipsalidopsis gaertneri

Im Juni und Juli blühen

Acanthocalycium, Aylostera, Blossfeldia, Coryphantha, Dolichothele, Echinocactus, Echinocereus, Frailea, Gymnocalycium leeanum, Hamatocactus, Lobivia, Mammillaria neocoronaria, M. spinosissima, Neoporteria, Opuntia, Parodia mairanana, Selenicereus

Von August bis Oktober blühen

Gymnocalycium mihanovichii, Hamatocactus setispinus, Leuchtenbergia principis, Mammillaria plumosa, M. schiedeana, Parodia hausteiniana

Winterblüher von November bis Januar

Rhipsalis und andere Epiphyten, *Schlumbergera* und Hybriden, *Zygocactus*.

Epiphyllum-Hybriden im Gewächshaus

Erfolgreich pflegen und vermehren

Sukkulenten erfolgreich zu pflegen, zu vermehren und immer wieder zum Blühen zu bringen, ist nicht schwer. Dennoch – ganz ohne Anleitungen wird der Pflanzenfreund nicht auskommen. Schließlich handelt es sich um exotische Gäste, die ihren individuellen Lebensrhythmus an unsere Licht- und Klimaverhältnisse anpassen müssen. Wir können ihnen dabei helfen und sie vor Krankheiten und Schädlingen bewahren. Im folgenden Kapitel erfahren Sie alles Wichtige über Erde, Licht und Luft, Gießen und Düngen, Überwinterung und Pflanzenschutz. Wer Kakteen selbst aussäen oder auf andere Weise vermehren möchte, findet leicht nachvollziehbare Anleitungen – auch zur hohen Schule des Pfropfens.

Im Gewächshaus stehen Kakteen optimal und bekommen reichlich Licht für die Blütenbildung

Die wichtigsten Pflegefaktoren

Die Pflege der Sukkulenten strebt an, den heimatlichen Standortbedingungen dieser Pflanzen unter mitteleuropäischen Klimaverhältnissen möglichst nahe zu kommen. Dank der großen Anpassungsfähigkeit dieser Exoten wird dem Hobbygärtner diese Aufgabe sehr erleichtert.

Lebenselement Licht

Kakteen und andere Sukkulenten sind zum größten Teil Kinder des Lichts. Licht beeinflußt Wachstum und Blütenbildung positiv und verhilft der Bestachelung zu intensiveren Farben. Fast alle Sukkulenten lieben während der Wachstumszeit Licht und Sonne – ganz besonders aber die stark behaarten, bestachelten und weißbereiften Arten. Im Frühjahr müssen sie jedoch ans Licht gewöhnt, im Sommer vor mittäglicher Prallsonne geschützt werden.

Weniger sonnig, dafür aber hell, wollen es Blattkakteen, Weihnachts- und Osterkakteen, Gasterien oder Haworthien, aber auch *Echinopsis*, *Gymnocalycium*, grüne Mammillarien und Cereen.

Blattkakteen wie Hybriden von *Epiphyllum-* und *Nopalxochia*, *Rhipsalidopsis* und *Schlumbergera* mögen helle, halbschattige, gleichmäßig feuchte, warme Standorte und auch im Sommer einen halbschattigen Platz im Freien.

Täglich ganz bestimmte Lichtmengen beeinflussen neben der Ruhezeit auch das Blühen der Sukkulenten. Kurztagspflanzen wie *Kalanchoe blossfeldiana* und der Weihnachtskaktus, *Schlumbergera,* benötigen im Herbst 4 - 6 Wochen kurze Licht- und lange Dunkelperioden, um Blüten ausbilden zu können. Langtagspflanzen wie *Sedum*-Arten brauchen lange tägliche Lichtperioden und kurze Dunkelzeiten. Manche Arten mögen es auch gemischt – etwa *Kalanchoe crenatum* oder *Senecio*-Arten.

An dunklen Tagen während der lichtarmen Monate (oder bei Überwinterung in einem dunklen Keller) kann man auch mit speziellen Pflanzenleuchten (im Fachhandel) das Tageslicht verlängern oder verstärken. Sehr gut geeignet sind Quecksilber-Hochdrucklampen. Wichtig: Lassen Sie die Lampen stets von einem Fachmann installieren und fragen Sie auch nach einer Zeitschaltuhr, denn die Lampen sollen ja nicht dauernd brennen. Kaufen Sie nur spritzwassergeschützte Pflanzenleuchten mit dem VDE- oder GS-Zeichen.

Luft und Temperatur

Alle Sukkulenten lieben reichlich frische und saubere, im Herbst und Winter zugfreie und temperierte Luft. Tabakrauch wird nicht gut vertragen! Trockene Zimmerluft wird dagegen toleriert.

Bei sommerlichen Temperaturen von 30 bis 35° C und mehr muß gelüftet, also die Stauhitze abgeführt und schattiert sowie gut gegossen werden. Eine Temperaturabsenkung nachts auf 18 bis 20° C schadet keineswegs. Bodenwärme von etwa 25° C ist im Frühjahr förderlich. Bei kühlen Steinfensterbänken Heizmatten (im Fachhandel) unterlegen.

Viele Sukkulenten aus Nebelwüsten zwischen Küste und Hochgebirge lieben Sprühen, das wie heimatlicher Tau empfunden wird. Wichtig: An warmen Sommer- oder Herbstabenden sprühen und nur mit zimmerwarmem, weichem Wasser. Darauf achten, daß der Pflanzenkörper noch vor dem Absinken der Temperaturen abgetrocknet ist.

Überwinterung

Allgemein gilt, daß Kakteen nicht bei mehr als 5° bis 8°C, die anderen Sukkulenten nicht bei mehr als 10 bis 12°C und immer hell und trocken überwintert werden sollen, weil sie sonst nicht sicher blühen und vergeilen.

Wärmer überwintern nur *Euphorbia milii*, *Pilosocereus*, *Haageocereus*, Melocacteen, Discokakteen und einige Opuntien; eine kältere Überwinterung als oben angegeben wollen Echinocereen, *Echinopsis*, *Lobivia*, *Opuntia* und *Rebutia*.

Wer keinen hellen Überwinterungsplatz hat, kann einige Arten wie Lobivien, Rebutien oder Notocacteen notfalls auch dunkel überwintern. Besser aber ist es, sich an solchen weniger optimalen Überwinterungsorten mit Pflanzenleuchten zu behelfen. Wichtig: Im Frühjahr sind die Pflanzen langsam an das stärkere Licht zu gewöhnen.

Opuntia fragilis, hier frei ausgepflanzt in einem sonnenexponierten Steingarten, gehört zu den winterharten Arten der Gattung und entfaltet zahlreiche leuchtend gelbe Blüten.

Winterharte Opuntia fragilis

Geeignete Standorte

Die meisten Sukkulenten werden nicht im Freien gehalten. Nur abgehärtete *Sedum*- und *Sempervivum*-Arten, daneben höchstens noch bestimmte *Agaven*-, *Aloe*- und *Crassula*-Arten, sowie einige Opuntien, Echinocereen, Chamaecereen, Coryphanthen, Escobarien – um einige Beispiele zu nennen – sind bei uns an Südwänden und in extrem durchlässiger Erde winterhart.

Für die Kultur von Sukkulenten sind die Bänke von hellen (mittags ohne Prallsonne!) Südwest- oder Südostfenstern gut geeignet. Reine Südlagen müssen schattierbar sein. Allerdings hat das Licht in 1 m Entfernung vom Fenster nur mehr 50 bis 80 Prozent, bei 2 m nur mehr 10 bis 24 Prozent der Intensität dicht am Fenster.

Wächst die Sammlung, kann ein Balkon mit Folien oder Glas verkleidet oder abgedeckt, manchmal sogar beheizbar gemacht werden. Gartenbesitzer können ein Gewächshaus mit Holz-, Metall- und Kunststoffkonstruktionen aufstellen (Glas-, Folien- oder Platteneindekkung), das mehr oder weniger technisch anspruchsvoll ausgestattet ist. Vielleicht sogar mit sehr empfehlenswerten, automatisierbaren Heizungs-, Lüftungs- und Schattiersystemen. Heizungskosten können durch wärmedämmende Doppel- oder Mehrfachverglasung, Folienunterspannnung, Styroporverkleidung der Stehwände bis Tischhöhe und nachts zugezogenen Schattierungen (Wärmeschirme) erheblich verringert werden. Eine zugfreie Lüftung, auch an kalten Tagen, muß jedoch immer gewährleistet sein.

Das richtige Substrat

Die Ansprüche an das Substrat sind gering. Kakteen und eine Reihe anderer Sukkulenten wollen humusarme oder -freie, wasser- und luftdurchlässige, mineralische (Verwitterungs)-böden mit viel Nährsalzen. Für die Kultur verwendet man qualitativ hervorragende fertige Kakteenerden oder selbst gemischte Substrate aus nicht zu feinem Sand mit Lehm oder Ton, pH-Wert etwa 5,5 bis 6,9 und Zuschlagstoffen (Körnung 2 bis 16 mm). Geeignete Zuschlagstoffe sind Blähton (aus der Hydrokultur) und andere Tongranulate, Bimskies, Lavagrus (Lavalit), Perlite, Ziegelsplitt, sowie die Kunststofferzeugnisse Styropor und Hygromull. Epiphytische Kakteen und einige andere Sukkulenten (etwa Crassulaceen-Arten) wollen zusätzlich einen Humus- und Torfanteil wie Torfkultursubstrat TKS 1.

Immer ist eine gute Drainage aus Kies, Blähton, Tongranulaten oder Styroporflocken erforderlich.

Richtig gießen

Für das Gießen gilt: Pflanzen lieber trockener als zu feucht halten. Im Sommer bei sonnigem Wetter wird bei Bedarf etwa einmal wöchentlich handwarm, durchdringend (»kräftig oder gar nicht«) und spätnachmittags gegossen. Im Winter, insbesondere bei unter 10° C, wird im Ruhequartier meist gar nicht mehr gegossen. Ausnahmen sind die Blattkakteen und jene anderen Sukkulenten, die ihre Ruhezeit im Frühjahr und Sommer haben.

Nach jeder Trockenperiode werden die Pflanzen langsam an mehr, vor jeder Trockenperiode an weniger Wasser gewöhnt.

Optimal für die Pflanzengesundheit ist die Bewässerung über die Substratoberfläche exakt in den Gießrand, möglichst ohne die Pflanzenkörper (besonders wachsig bereifte oder weißhaarige) zu benetzen. Hilfreich sind Anstau- oder Ebbe- und Flutbewässerung, wie überhaupt alle geschlossenen Systeme, die allerdings spezielle Einrichtungen erfordern. Für Einzeltöpfe sind Untersetzer nötig. Staunässe ist unbedingt zu vermeiden. Am einfachsten ist aber immer noch das Gießen über Kopf.

Kalkarmes, weiches bis mittelhartes Leitungswasser vermeidet Kalkflecken und verändert den Säuregrad des Substrates wenig. Regenwasser ist heute (meist) ungeeignet. Hartes Wasser muß über Ionenaustauscher oder Wasserenthärtungsmittel enthärtet werden. Man kann den Kalkgehalt aber auch senken, indem man in etwa 10 Liter Wasser über Nacht einen Leinenbeutel gefüllt mit etwa einem Liter Torf ziehen läßt.

Neben der gleichmäßigen Bodenfeuchte ist die Luftfeuchtigkeit besonders wichtig für die Epiphyten. Meist genügen 50 bis 60 Prozent relativer Luftfeuchte im Sommer und 40 bis 50 Prozent im Winter.

Richtig düngen

Vom späten Frühjahr bis zum Frühherbst brauchen Sukkulenten laufend Nährstoffe. Gedüngt wird in der Regel alle 2 bis 3 Wochen immer nur auf feuchten Wurzelballen und an trüben, warmen Tagen. Faustregel: Lieber schwächer (0,05%ig) und öfter als höher dosiert und seltener düngen. Besonders geeignet sind Depotdünger mit Langzeitwirkung, spezielle Kakteendünger sowie chloridfreie Volldünger. Empfehlenswert sind sogenannte Blattdünger, die löslich, stickstoffarm und physiologisch sauer sind.

Im Frühjahr und nach einem Verpflanzen zuerst einige Male mit reinem Wasser gießen, ehe Dünger zugesetzt wird. Im Spätsommer und bei kranken Pflanzen wird nicht mehr gedüngt. Sollen Pflanzen bewußt klein gehalten werden, reduziert man die Nährstoffgaben auf höchstens 1 x monatlich.

Rhipsalis im Gewächshaus

Im Gewächshaus fühlen sich nicht nur in Ampeln ausgepflanzte Rhipsalis, hier R. houlletiana, wohl. Das Glashaus ist ein idealer Standort für alle Sukkulenten, wenn die Abdeckung viel Licht durchläßt und Wärme gut isoliert.

Mammillarien zählen wegen ihrer Blühfreudigkeit zu den beliebtesten Anfängerkakteen. Sie lassen sich ganz leicht aus Samen oder Sprossen heranziehen und werden in Kakteengärtnereien in großen Mengen vermehrt.

Richtig umtopfen

Regelmäßiges Umtopfen fördert die gesunde Entwicklung der Sukkulenten. Rasch wachsende Sukkulenten müssen jährlich, die meisten Kakteen alle 2 bis 3 Jahre verpflanzt werden. Je älter eine Pflanze ist, desto länger können die Abstände werden. Alte Pflanzen vertragen Wurzelbeschädigungen schlechter. Es genügt dann, die veralgte, verkrustete Substratoberfläche aufzulokkern oder vielleicht zu erneuern. Übrigens: Düngen ersetzt das Umtopfen nicht!

Mehr zum Umtopfen auf Seite 146.

Geeignete Pflanzgefäße

Kakteen und andere Sukkulenten werden meist in Gefäßen kultiviert. Tontöpfe sind, zumindest ohne Einfütterung in einem Torf-Sand-Gemisch, wenig empfehlenswert – allenfalls für besonders nässeempfindliche, hochsukkulente Pflanzen, wie etwa Mittagsblumengewächse, die jedoch auch besser eingesenkt werden. Außerdem werden in Tontöpfen die Nährstoffe beim Gießen eher an den Topfinnenrand geschwemmt, so daß sich auch die Wurzeln dorthin orientieren und sich als Folge davon kein kompakter Wurzelballen entwickeln kann. Tontöpfe haben allerdings den Vorteil, standfester als Kunststofftöpfe zu sein. Bei hohen Säulen, die in Plastiktöpfen leicht umkippen, ist dies natürlich praktisch.

Plastiktöpfe sind zweckmäßiger, weil sie nicht veralgen und leicht sind. Ihre glatte Oberfläche ist wasserundurchlässig, die Verdunstung geringer und das Gießen kann deswegen reduziert werden. Die Nährstoffe verteilen sich hier gleichmäßiger im Substrat. Dadurch entwickelt sich auch der Wurzelballen besser.

Die neuen Töpfe oder Kübel sollen rundum etwa 2 cm größer als der Pflanzendurchmesser sein und müssen unbedingt Abzugslöcher haben.

Viele Pflanzen (besonders Säulenkakteen) können hervorragend in Kisten oder Schalen aus Plastik, Glas, Holz oder Holzzement, kultiviert werden. Für Aussaaten und Anzuchten nimmt man Styroporschalen. Noch besser geeignet sind heizbare Anzuchtbeete (im Fachhandel). Sie liefern die für eine erfolgreiche Keimung nötige Bodenwärme.

Für große Pflanzen eignen sich Gefäße aus glasiertem oder unglasiertem Steinzeug, Terrakottakübel, Holzbottiche sowie Pflanzkübel oder Baumschulcontainer aus Plastik. Holzkübel dürfen nur mit pflanzenunschädlichen, umweltfreundlichen Mitteln imprägniert werden. Freilandsukkulenten pflanzt man in Stein- oder Holztröge.

Sukkulenten in Hydrokultur

Obwohl man es bei Xerophyten nicht vermuten würde, sind doch viele Sukkulenten für Hydrokultur geeignet. Am besten bewurzelt man die Stecklinge und Jungpflanzen schon auf erdelosen Substraten und setzt sie so hoch, daß die Stammbasis nicht unter dem Wasserspiegel steht. In der Ruhezeit von November bis März wird der Wasserstand auf ein Minimum verringert oder bei abgesenkten Temperaturen das Wasser gänzlich entleert. Besonders empfehlenswert für Hydrokultur sind epiphytische, aber auch kugelige und säulige Kakteen, sowie Opuntien.

Mehr zu Hydrokultur auf Seite 147.

Verschiedene Vermehrungsmethoden

Es gibt verschiedene Wege, zu neuen Pflanzen zu kommen: Die Vermehrung durch Samen, auch generative oder geschlechtliche Vermehrung und die Vermehrung aus Pflanzenteilen, auch vegetative oder ungeschlechtliche Vermehrung genannt. Während bei der generativen Vermehrung durch Samen infolge Durchmischung des elterlichen Erbgutes erbungleiche Nachkommen entstehen, sehen die Jungpflanzen bei der vegetativen Vermehrung durch Teilen, Brutpflanzen, Ableger, Blattstücke exakt wie die Mutterpflanze aus.

Bei Sukkulenten ist eine Vermehrung durch Brutpflanzen, Ableger (Ausläufer, Kindel) oder durch Teilung möglich. Manche Sukkulenten – so etwa *Kalanchoe pinnata*, *K. daigremontiana* –, bilden an den Blatträndern kleine, bereits mit feinen Wurzeln ausgestattete Brutpflanzen, die abfallen oder leicht abbrechen und, in Erde gesetzt, problemlos anwachsen. Bei anderen Sukkulenten entstehen an den Wurzeln Ausläufer, die als neue Pflanzen abgetrennt und selbständig weiterkultiviert werden können. Bei Kakteen (etwa *Echinopsis*), aber auch bei anderen Sukkulenten (etwa Agaven, Aloen) ist die Kindelbildung relativ häufig. Dabei handelt es sich um Neutriebe am Sproßgrund oder höher.

Ein Kindel trennt man mit einem scharfen Messer von der Mutterpflanze, bestäubt die Schnittstelle mit Holzkohlenpulver und behandelt es wie einen Steckling weiter. Bei mehrsprossig wachsenden Pflanzen, zum Beispiel bei *Lobivia, Mammillaria* oder *Gymnocalycium,* kann man ähnlich verfahren: Sie werden ausgetopft, und nach dem Ausschütteln der Erde in Seitensprosse geteilt.

Beide Vermehrungswege werden »erzwungen«, wenn der Hauptscheitel einer Pflanze geköpft wird. Das abgetrennte Scheitelstück fällt dabei als Steckling an.

Mammillarien-Vermehrungen

Lebende Steine können leicht durch Samen vermehrt werden. Ausgesät wird in Schalen mit sandiger Kakteenerde. Das Aussaatgefäß warm halten. Die Keimung erfolgt nach 6 bis 12 Wochen.

Vermehrung durch Stecklinge

Zur Vermehrung abgetrennte oberirdische Sproßteile nennt man Stecklinge. Man unterscheidet Kopfstecklinge (etwa von Euphorbien), und Mitteltrieb- oder Teilstecklinge ohne Triebspitzen. Auch Blätter können sich als sehr ergiebige Stecklinge eignen. Sogar Warzen von langwarzigen Mammillarien oder von *Leuchtenbergia principis* dienen der Vermehrung.

Die Oben-Unten-Orientierung (Polarisierung) bleibt immer erhalten. Durch eine Abschrägung der Schnittkanten markiert man das untere Ende (bei Mitteltriebsstecklingen), das sich in der Erde dann bewurzelt. Stecklinge dürfen in einer Mindestlänge von etwa 3 cm nur von gesunden, wüchsigen Pflanzen in jungem, saftigem Gewebe notfalls ganzjährig geschnitten werden. Euphorbien »ausbluten« lassen!

Am besten schneidet man Stecklinge von nichtblühenden Pflanzen im Frühsommer, jeweils am frühen Nachmittag. Sproßteile, die blühen oder blühen wollen, bilden schlechter Wurzeln. Das gleiche gilt für Stecklinge von ruhenden oder kranken Pflanzen. Bei *Lithops* und *Conophytum* gelingt die Stecklingsvermehrung leicht, wenn an dem Körper ein Stück Achse belassen wird.

Nach dem Schnitt mit einer sterilen Rasierklinge wird der Steckling etwa 1 cm tief in Holzkohlepulver getaucht und wenigstens 8 bis 10 Tage (oder länger) senkrecht und im Licht zum Abtrocknen der Schnittfläche aufgestellt. Manchmal werden hierbei an der lichtabgewandten Seite bereits Luftwurzeln gebildet.

Bewurzelt wird danach in Torf-Sand- oder Sand-Perlite-Mischungen (1:1 beziehungsweise 1:2), die feucht, nicht naß, gehalten werden. Die Stecklinge werden nur aufgesetzt, höchstens 1 bis 5 mm in das Substrat eingesenkt. Ausgenommen sind Blattkakteen und einige andere Sukkulenten. Die Blätter werden schräg eingesteckt und zwar mit der Blattoberseite nach oben. Bodenwärme (optimal sind 18 bis 23° C) fördert die Wurzelbildung, die je nach Art Tage, aber auch Monate dauern kann. Wenn sich ausreichend Wurzeln gebildet haben, wird verpflanzt und normal weiterkultiviert.

Sukkulenten aussäen

Beste Aussaatzeit ist das Frühjahr, für zahlreiche südafrikanische Sukkulenten jedoch der Herbst. Hier ist dann Zusatzlicht erforderlich.

Das Saatgut wird gegen Pilzkrankheiten und tierische Schädlinge mit handelsüblichen, Trocken- und Naßbeizmitteln behandelt. Das Aussaatsubstrat (etwa sandige Kakteenerde oder Torf-Sand-Perlite-Mischungen) darf keine pflanzenschädlichen Organismen enthalten. Schalen, Töpfe oder Glasplatten werden vor der Aussaat gut mit heißer Seifenlauge gereinigt und desinfiziert. Später werden die Sämlinge an Frischluft abgehärtet und gegen Vermehrungspilze mit 0,05-prozentiger Chinosol-Aliette – oder Previcur-Brühe geschützt. Nach 6 bis 12 Monaten, je nach Wüchsigkeit, werden die Pflänzchen vereinzelt (pikiert) und schließlich in Töpfe verpflanzt. Dabei muß man darauf achten, daß der Wurzelhals mit der Substratoberfläche abschließt!

Die Kunst des Pfropfens

Viele Sukkulentenarten sind in der Kultur nur sehr langsamwüchsig, spätblühend oder insgesamt schwer zu pflegen. Diese, aber auch Kakteen-Farbmutanten, Cristaten oder durch Krankheit gefährdete Pflanzen werden gepfropft.

Beim Pfropfen wird die Schnittfläche des empfindlichen Pfröpflings auf die Basis einer geschnittenen, starkwüchsigen, anspruchslosen Unterlage gesetzt.

Stark treibende Unterlagen lassen die Pfröpflinge »entarten«. Zu schwache Unterlagen werden dagegen vom Pfröpfling vorzeitig »ausgesaugt« und gehen ein. Unterlage und Pfröpfling müssen auch von den Gattungseigenschaften her harmonieren. Manche Arten, etwa Opuntien, eignen sich höchstens für eine Zwischenpfropfung.

Echte Dauerunterlagen sind gutwüchsige Kakteen, wie *Echinopsis, Eriocereus-, Selenicereus-, Trichocereus*-Arten, aber auch *Pereskia* und Rhodocactus (für Weihnachts- und Osterkakteen) und *Pereskiopsis*-Arten (für Sämlingspfropfungen).

Für die »anderen Sukkulenten« (*Euphorbia, Pachypodium, Crassulaceae*) sind die Partner meist aus der gleichen Gattung. Die Knollen der *Ceropegia*-Arten eignen sich gut für die am häufigsten gepfropften Stapelien, für *Hoodia* und *Tavaresia*, die sonst nur schlecht wachsen.

Für Weiterbehandlung von Pfropfungen ist zu beachten: Feuchte-, Substrat- und Düngungsansprüche bestimmt die Unterlage, Licht- und Wärmeansprüche dagegen mehr der Pfröpfling.

Mehr zu Vermehrung und Pfropfen auf Seite 148/149.

***Lithops*-Vermehrungen**

Verschiedene Pflegemaßnahmen

Auf den vorangegangenen Seiten haben Sie alles Wichtige über Erde, Licht, Luft, Gießen, Düngen und Überwintern von Kakteen und anderen Sukkulenten erfahren. Hier noch einige Tips zum Umtopfen der stacheligen Gesellen und zur Bewässerung.

***Austopfen.** Vor dem Austopfen sollte das Substrat trocken sein. Damit sich der Wurzelballen leicht löst, stößt man den Rand des Tontopfes gegen eine Tischkante. Einen Plastiktopf (Mitte) drückt man zu diesem Zweck etwas zusammen und löst die verdichtete Erde mit Hilfe eines Pikierstabes vom Topfrand. Danach wird die Pflanze mit Hilfe von Styroporstücken wurzelschonend aus dem Topf gehoben.*

***Eintopfen.** Verbrauchtes Substrat ausschütteln. Wurzelfilz mit einem Holzstäbchen oder Pikierholz lockern. Für die Dränage Topfscherben, Blähton oder groben Kies und darüber ein Vlies in den Topf geben. Darauf etwas Substrat verteilen, die Pflanze auf Mitte setzen und weitere Erde so einfüllen, daß sie im neuen Topf genauso hoch sitzt wie im alten. Fingerbreiten Gießrand nicht vergessen.*

Umtopfen

Umtopfen ist angezeigt, wenn der Topf zu klein wird und die Wurzeln bereits aus den Bodenlöchern heraustreten, das Wachstum stockt, die Blühwilligkeit nachläßt oder das Grün des Pflanzenkörpers verblaßt - und wenn das Substrat nicht mehr in Ordnung ist. Beste Zeit sind das Frühjahr und der beginnende Sommer. Von Schädlingen befallene Pflanzen können auch noch bis zum Spätsommer umgesetzt werden, müssen sich aber bis zur Überwinterung im Oktober davon erholt haben. Während der Winterruhe darf auf keinen Fall umgepflanzt werden. Raschwachsende Arten topft man alle 1-2 Jahre, langsamer wachsende alle 2-3 Jahre um.

Schwierigstes Problem beim Aus- wie Eintopfen sind die Dornen. Grundsätzlich sollte man dazu kräftige Gartenhandschuhe tragen. Bei Exemplaren mit kräftigen Stacheln und solchen mit Widerhaken verwendet man zum Anpacken zusätzlich noch Styroporstücke, kräftige Manschetten aus Zeitungspapier oder Schaumstoffstreifen. Für das Bewegen oder Versetzen von bepflanzten Töpfen gibt es Topfzangen, und ist sonst gar nichts derartiges greifbar, tut's auch ein Stück Wellpappe oder eine dicke Papierlage, um sich die unangenehmen Stacheln vom Leib zu halten.

Vor dem Austopfen sollte die Erde trocken sein, damit sich der Wurzelballen leichter aus dem Gefäß löst. Ist, was meistens der Fall ist, das Substrat stark verfestigt, muß der Topf geopfert werden. Tontöpfe zerschlagen, Plastiktöpfe aufschneiden! Der neue Topf sollte etwas breiter sein als der alte, damit man einen ausreichenden Gießrand formen kann. Pflanzen mit Rübenwurzeln verlangen nach einem hohen Topf. Damit Platz für die neue Erde geschaffen und die Pflanze angeregt wird, wieder neue Wurzeln zu bilden, muß beim Umtopfen verfilztes Wurzelwerk gelockert werden. Außerdem: Verfärbte oder faulende Wurzeln unbedingt abschneiden. Zur Desinfektion Holzkohlepulver auf die Schnittstellen streuen. Die alte und verbrauchte Erde wird ausgeschüttelt.

Die Dränage ist gerade bei Sukkulenten von größter Wichtigkeit, weil sie Staunässe verhindert. Dräniert wird mit wasserdurchlässigem Material (Blähton, Topfscherben, Kiesel) im Topfboden über dem Abzugsloch oder bei nässeempfindlichen Pflanzen im Bereich des Wurzelhalses. In das neue, rundum etwa 2 cm größere, saubere Pflanzgefäß wird über den Abzugslöchern zunächst Dränagematerial eingebracht. Dann füllt man zwischen die Wurzeln der in den Topf hineingehaltenen Pflanze das neue Substrat. Es wird durch Aufstoßen auf den Arbeitstisch verdichtet und leicht angedrückt. Die Pflanzen sollen weder höher noch tiefer stehen als zuvor. An den Gießrand denken!

Nach dem Eintopfen dürfen sukkulente Pflanzen etwa 8 Tage nicht gegossen und einige Wochen nicht gedüngt werden. Damit sie ungestreßt einwurzeln können, sollte man sie sehr hell, aber auf keinen Fall prallsonnig stellen.

Urlaubsbewässerung

»Pflanzensitter« sind bei den an lange Trockenperioden gewöhnten Sukkulenten nur dann nötig, wenn man über mehrere Wochen hinweg verreist. Wichtig: Prüfen Sie vor Ihrer Reise, ob der Wasservorrat für die vorgesehene Zeit reicht.

Richtig gießen. *Beim Bewässern von oben Pflanzenkörper besser nicht benetzen. Möglich ist auch Bewässerung über den Untersetzer. In beiden Fällen: Überschüssiges Wasser nach 30 Minuten unbedingt abgießen. Sonst Fäulnisgefahr!*

Staunässe vermeiden. *Sukkulenten mit besonders nässeempfindlichem, leicht faulendem Wurzelhals erhalten zwischen Substrat und oberirdischem Pflanzengrund eine wasserdurchlässige Schicht aus Kies, Bimskies, Perlite oder Blähton.*

Urlaubsbewässerung. *Im Handel sind Dochte, Vliesmatten, Tonkegel und andere »Pflanzensitter«, die ins Substrat eingesteckt werden und bei Ballentrockenheit kapillar Wasser aus einem Vorratsgefäß saugen. Wer gleich mehrere Töpfe versorgen möchte, steckt Dochte in die Töpfe, stellt sie auf eine Vliesmatte, deren Ende in einen Wasserbehälter reicht und füttert sie zusätzlich noch in Torf oder Blähton ein.*

Hydrokultur. *In einem Mineralsubstrat bewurzelte Sukkulenten gedeihen in speziellen Kulturtöpfen mit Tongranulat ausgezeichnet. Der Wasserstandsanzeiger (Mitte) darf nur im Sommer auf »Optimum« stehen und muß vor dem Nachgießen 3 Tage auf »Minimum« bleiben.*

Verschiedene Vermehrungsmethoden

Die Vermehrung von Kakteen und anderen Sukkulenten ist spannend, nicht allzu schwierig und besonders dann zu empfehlen, wenn man sich bestimmte Raritäten wünscht, die im Handel nicht erhältlich sind. Es gibt verschiedene Wege, zu neuen Pflanzen zu kommen: Die geschlechtliche Vermehrung aus Samen, die ungeschlechtliche aus Stecklingen und die hohe Kunst des Pfropfens.

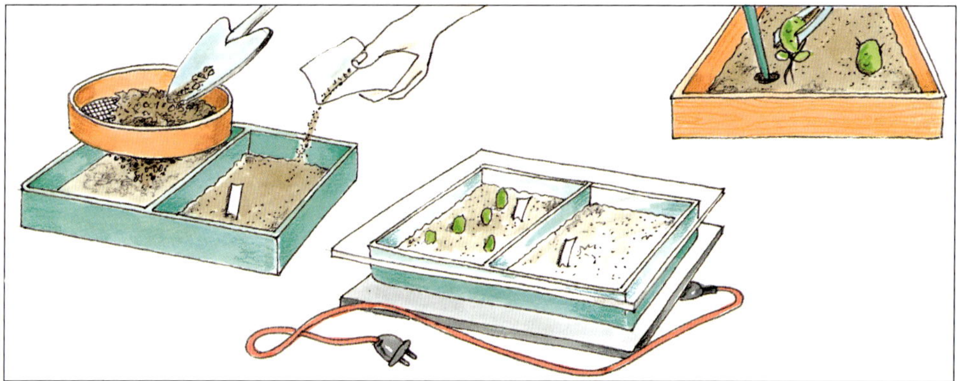

***Sukkulenten aussäen.** Aussaaterde sieben und einfüllen. Die Samenportionen mit einem gefalteten Blatt auf die unterteilte Fläche rieseln lassen. Substrat durch Einstellen des Aussaatgefäßes in eine größere Schale mit abgekochtem Wasser anfeuchten. Beschriftete Etiketten einstecken und Heizmatte unterlegen. Glasplatte auflegen. Aussaatgefäß hell, aber nicht sonnig stellen. Sobald die Sämlinge groß genug sind, wird pikiert. Man setzt sie vorsichtig einzeln in Kisten mit einem Abstand von ca. 2 cm oder mehr.*

***Blattstecklinge** bewurzeln relativ schnell. Man löst sie von der Mutterpflanze ab, läßt sie 1-2 Tage antrocknen und steckt sie leicht schräg ins Vermehrungssubstrat. Bei entsprechender Wärme und Feuchte bewurzeln sie schnell und bilden innerhalb weniger Monate kleine Rosettchen.*

***Brutpflänzchen** wie hier bei »Goethes Bryophyllum«, Kalanchoe pinnata, haben bereits eigene Wurzeln und fassen in jedem Substrat sofort Fuß.*

Aussaat

Die geschlechtliche Vermehrung erfolgt durch Samen. Für die Aussaat wird die oberste, ca. 1,5 cm starke Substratschicht gesiebt (Maschenweite ca. 1 mm) und planiert. Will man mehrere Samenchargen ausbringen, teilt man die Fläche je nach Bedarf mit Glas- oder Plastikstreifen in Teilfelder ein. Weil es lange dauert, bis man Gattungen oder gar Arten an Jungpflanzen unterscheiden kann, nicht vergessen, in die Aussaaten ein Schild zu stecken, auf dem der Name der Pflanze und der Aussaattermin vermerkt sind. Die locker und möglichst gleichmäßig aufgestreuten Samen sollen nur leicht angedrückt, aber nicht mit Erde bedeckt werden. Mit ganz wenigen Ausnahmen sind Sukkulenten nämlich Lichtkeimer. Das Aussaatgefäß muß von unten mit Wasser durchtränkt werden. Die Keimtemperatur sollte 20-30° C betragen; dabei ist die Luftfeuchtigkeit hoch zu halten und eine Austrocknung unbedingt zu vermeiden. Deswegen deckt man die Aussaatschale z.B. mit einer Glasplatte ab, die, damit das Kondenswasser ablaufen kann, durch untergelegte Keile leicht schräg gestellt wird. Besonders bewährt sich ein Aussaatkasten mit Heizkabel und Thermostat, der sich auch leicht selbst herstellen läßt. Gegen Prallsonne muß schattiert werden. Die Saat keimt nach 3-21 Tagen. Bestimmte Arten, z.B. Tephrocacteen, sind Frostkeimer, d.h. die Samen müssen vorher einige Wochen Frosttemperaturen ausgesetzt werden.

Stecklinge

Die vegetative Vermehrung durch Pflanzenteile wie Stecklinge, Blätter oder Triebspitzen ist in der Regel weniger aufwendig und schneller. Sie gelingt ohne viel Mühe bei den meisten Arten. Stecklinge bewurzeln innerhalb weniger Wochen. Je nach Größe hat man in einigen Monaten eine »fertige«, blühfähige Pflanze.

Pfropfen

Pfropfen führt noch schneller zu einem Ergebnis, ist aber, vom Standpunkt der Wachstumsbeschleunigung aus betrachtet, höchstens für Sämlinge zu empfehlen.

Beim Pfropfen von Sukkulenten haben nur das Kopulieren und das Spaltpfropfen Bedeutung. Bei ersterem werden die Partner meist waagrecht, selten schräg, geschnitten und der Pfröpfling so auf die Unterlage gesetzt, daß sich die Leitbündel decken oder wenigstens überschneiden. Der Pfröpfling darf nicht nicht zu klein, welk oder mit der Unterlage unverträglich sein. Bei der Spaltpfropfung wird der Stumpf der Unterlage keilförmig eingeschnitten und der Pfröpfling entsprechend zugespitzt. Der möglichst enge Kontakt zwischen den Pfropfpartnern wird durch Beschwerung mit Gewichten (6-8 Tage lang), durch Gummiringbespannung oder, bei Spaltpfropfungen, durch Bastumwicklungen erreicht.

Dic Schnittflächen dürfen bis zur Verwachsung nach etwa 14 Tagen nicht mit Wasser in Berührung kommen. Gepfropft wird in der Hauptwachstumszeit, nur in Notfällen ganzjährig, immer jedoch unter Glas.

***Flachsprosse** der Opuntien sind ideale Stecklinge.*

***Kopfstecklinge und Sproßstümpfe.** Während der Kopf bewurzelt, bildet der Stumpf neues Stecklingsmaterial.*

***Pfropfen gleich starker Pflanzenteile.** Eine robuste, vitale, eintriebige Unterlage, die im Querschnitt mit dem Pfröpfling möglichst übereinstimmt, wird zwischen der letzt- und der diesjährigen Wachstumszone waagrecht geschnitten. Der Pfröpfling wird nach Abschrägung der Kanten leitbündeldeckend aufgesetzt und mit Gummibändern fixiert. Sonnig gestellt, verwachsen Pfröpfling und Unterlage in etwa 14 Tagen.*

***Pfropfen unterschiedlich starker Pflanzenteile.** Ist der Pfröpfling im Durchmesser kleiner als die Unterlage, muß wenigstens ein Teil der Leitbündelringe oder gar nur ein einziges Leitbündel deckungsgleich sein. Der »exzentrische« Pfröpfling »verwächst« sich später meist wieder.*

Im Gewächshaus, einem geschlossenen Kulturraum, kann man sehr gut Nützlinge zur Schädlingsbekämpfung einsetzen. Auch Gelbtafeln, an denen fliegende Schadinsekten hängenbleiben, gehören zum giftfreien Pflanzenschutz.

Pflanzenschutz bei Sukkulenten

Sukkulenten sind robust und wenig anfällig für Schadinsekten, Pilze, Viren und Bakterien. Doch selbst bei optimaler, ausgeglichener und abhärtender Pflege treten Krankheiten und Schädlinge auf. Allerdings, je kräftiger und wüchsiger eine Pflanze ist, desto leichter wird sie damit fertig werden. Neben einer optimalen Pflege kann man auch sonst noch einiges vorbeugend tun.

Vorbeugende Maßnahmen

Das Vermeiden von Pflegefehlern gehört zu den wichtigsten vorbeugenden Maßnahmen. Gerade bei den saftreichen Sukkulenten kann man zum Beispiel durch zu gut gemeintes Gießen schweren Schaden anrichten. Auch eine zu warme oder zu dunkle Überwinterung kann schuld an Infekten sein, weil sie das Pflanzengewebe schlaff und anfällig gemacht hat. Eine wichtige Vorbeugungsmaßnahme ist optimale Hygiene. Verdorrtes, verfaultes oder krankes Pflanzenmaterial muß immer entfernt werden, alle Schnittstellen sollten zur Desinfektion stets mit Holzkohlepulver bestäubt werden. Halten Sie Töpfe und Erde sauber. Entfernen Sie regelmäßig Algen und Moose und kontrollieren Sie Ihre Pflanzen in kurzen Zeitabständen. Je früher man Übeltäter wie Läuse oder Milben entdeckt, desto leichter lassen sie sich bekämpfen.

Bekämpfungsmöglichkeiten

Es gibt eine Reihe von Möglichkeiten, Schädlinge und Krankheiten bei Kakteen und anderen Sukkulenten wirksam zu bekämpfen.
Biotechnische Mittel wie Gelbtafeln oder Gelbsticker, die mit Leim beschichtet sind und nur in Innenräumen angewendet werden sollen – draußen bleiben leider auch nützliche Insekten daran kleben.
Biologische Bekämpfungsmittel wie Nutzinsekten oder Präparate, die pflanzliche Insektizide wie Pyrethrum enthalten.
Chemische Mittel wie Insektizide (insektentötende Mittel), Fungizide (pilztötende Mittel) oder Akarizide (milbentötende Mittel). Gegen Bakterien sind bei uns keine Mittel zugelassen und gegen Viren gibt es nichts. Auch ölhaltige Mittel (Paraffinöl) und seifenähnliche Mittel, zum Beispiel auf der Basis von Kaliumsalzen natürlicher Fettsäuren, gehören zu den chemischen Bekämpfungsmitteln. Chemische Gifte sollten schon aus Umweltschutzgründen nur im Notfall, also bei besonders schwerem Befall oder sehr alten, wertvollen und unersetzlichen Pflanzen eingesetzt werden. Achtung: Hochgiftige Mittel, die mit einem T oder T + gekennzeichnet sind, gehören nicht in die Hand des Laien!

Biologischer Pflanzenschutz

Erster Schritt bei der Bekämpfung ist das Entfernen befallener oder kranker Pflanzenteile sowie das Absammeln der Tiere, bei stacheligen Exemplaren wegen der Verletzungsgefahr eventuell mit einer Pinzette oder mit einem Holzstäbchen.
Danach sollte die Bekämpfung nach den Grundsätzen des integrierten Pflanzenschutzes den Vorrang haben. Sie erfolgt durch den Einsatz von biologischen Mitteln wie Pyrethrum-, Rotenon, Derris- oder Quassia-Präparaten oder Nutzinsekten.
Wichtig zu wissen: Pyrethrum-Mittel sind auch für den Menschen hochgiftig, wenn sie in die Blutbahn, auf kranke Haut oder in offene Wunden geraten. Der Pyrethrum-Extrakt wird aus den Blüten des in Afrika feldmäßig angebauten *Chrysanthemum cinerariifolium* gewonnen. Er wirkt auf das Nervensystem von Insekten und Spinnentieren, ist auch für Fische gefährlich, nicht aber für Bienen. Bei den Nutzinsekten helfen zum Beispiel Schlupfwespen gegen Weiße Fliege, Raubmilben gegen Spinnmilben und Thripse, Räuberische Gallmücken, Florfliegen oder Schlupfwespen gegen Blattläuse. Man kann sich diese Nützlinge im Fachhandel oder per Post bestellen und setzt sie in geschlossenen Räumen aus. Sobald sie alle ihre Feinde vertilgt haben, gehen sie aus Mangel an Nahrung ein. Nützlinge können in geschlossenen Räumen ungestörter als draußen ihren Feinden den Garaus machen. Erfolgreich im Freien sollen auch die Räuberischen Gallmücken gegen Blattläuse sein.

Chemischer Pflanzenschutz

Chemische Mittel müssen exakt nach Gebrauchsanweisung und den angegebenen Dosierungsvorschriften angewendet werden. Halten Sie sich unbedingt an die empfohlenen Spritzintervalle, um auch nachfolgende Generationen von Schädlingen zu vernichten. Es sollen selbstverständlich auch keine Sprays mit umweltschädigenden Treibgasen eingesetzt werden! Sprühen darf man nur im Freien. Atmen Sie den Sprühnebel nicht ein und schützen Sie die Hände mit Gummihandschuhen. Pflanzenschutzmittel müssen immer in der Originalverpackung, außer Reichweite von Kindern und Haustieren und unter Verschluß gehalten werden. Alle Reste über den Sondermüll entsorgen.

Gelbtafel über einem Gewächshaustisch

Das Frischluftquartier im Sommer fördert das gesunde Wachstum der Kakteen und härtet sie ab. Es ist somit die beste Vorbeugung gegen Schädlinge und Krankheiten. Allerdings: Nicht alle Kakteen dürfen ins Freie. Hier übersommert ein Epiphyllum cooperi auf einem hellen, aber absonnigen Terrassenplatz.

Physiologische Krankheiten

Korkwucherungen nennt man Erkrankungen, die durch zu hohe Luftfeuchtigkeit, zu niedrige Temperaturen, oder zu viel Stickstoff zum Beispiel bei Opuntien auftreten können.

Epidermis-Sonnenbrand, Rotverfärbung der Oberhaut und Knospenfall sind Auswirkungen zu starken oder falschen Lichteinfalls. Zu hohe pH-Werte sind besonders für kalkfliehende Pflanzen wie *Cereus*, *Ferocactus*, *Lobivia*, oder *Notocactus* eine Gefahr.

Tierische Schädlinge

Blattläuse finden sich vor allem auf den Knospen von Blattkakteen und an den Enden von Trieben bei *Senecio* und anderen Sukkulenten. Unter Glas kann man erfolgreich Räuberische Gallmücken, Florfliegen oder Schlupfwespen einsetzen. Außerdem Gelbtafeln oder im Abstand von 10 bis 14 Tagen auch Insektizide.

Woll-, Schmier- und Schildläuse sind viel schwieriger zu bekämpfen. Man stellt die Pflanzen zunächst etwas kühler, kratzt die Schilde vorsichtig ab oder bepinselt die Wollgespinste mit einer Spiritus-Seifenlösung (1 Spritzer Spülmittel in 1 l Wasser auflösen und 1 Eßl. Brennspiritus hinzufügen). Weitere Möglichkeiten: Pyrethrum-Spray oder andere Insektizide, Weißöle. Als Nutzinsekten können auch Australische Marienkäfer eingesetzt werden.

Wurzelläuse zählen zu den gefährlichsten Schädlingen. Sie umspinnen die Wurzeln mit einer schimmelartigen, weißbläulichen Wolle. Beim Umtopfen kontrollieren! Die Pflanzen vergilben, wachsen nur mehr schlecht und sterben ab. Ausgewaschene Wurzeln und alle (!) bepflanzten Töpfe wiederholt und bis zum Rand in Insektizidlösungen tauchen.

Wurzelnematoden sind ebenfalls schwer zu bekämpfen. An den Wurzeln (besonders von Kakteen, Euphorbien, Kalanchoen) finden sich knotenartige Anschwellungen und zitronenförmige, bräunliche Zysten. Die Pflanzen verkümmern. Befallene Pflanzen und verseuchtes Erdreich werden vernichtet, nicht kompostiert. Bei nur »verdächtigen« Pflanzen sollte man alle Wurzeln abschneiden und den Rest als Stecklinge weiterbehandeln. Alle Kultureinrichtungen, Erden, und Einfütterungssubstrate müssen durch Hitze oder Desinfektionsmittel entseucht werden. Nichts verschleppen!

Pilze, Bakterien, Viren

Mehltaupilze mit ihren weißen, mehlartigen Organüberzügen befallen vor allem *Euphorbia*- und *Crassula*-Arten. Man entfernt die befallenen Blätter und setzt ein Fungizid ein.

Fusarium-Fäule verfärbt die Leitbündel und führt, meist nach Wundinfektion, zu Weichfäule mit rötlichen bis violetten Sporenbelägen auf den Befallsstellen am Wurzelhals oder Sproßgrund. Mit Fungizid bekämpfen, bei größeren Kulturen auch mit *Bacillus subtilis*, einem Bakterium.

Phytophthora-Naßfäule geht von verseuchter Erde aus über die Wurzeln. In Pflanzschalen ist die Wirkung verheerend. Nur im Anfangsstadium können befallene Stellen noch sorgfältig ausgeschnitten werden, später hilft nur radikale Vernichtung (Verbrennen) der befallenen Pflanzen samt Substrat. Ob ein Fungizid Erfolg verspricht, ist fraglich.

Helminthosporium-Naßfäule befällt hauptsächlich bei hoher Luftfeuchte und Temparatur Jungpflanzen von Cereen, Echinocacteen und Mammillarien. Ursachen: Ungebeizter Samen, nicht entseuchte Aussaaterde, zu warmer und luftfeuchter Stand der Aussaaten. Es entstehen dunkle, glasige Faulstellen, die sich rasch ausbreiten und das Gewebe erweichen. Die Pflanzen sinken um und vertrocknen nach wenigen Tagen. Meist ist jede Bekämpfung aussichtslos, besser man vernichtet Pflanzen und Erde sorgfältig. Nicht auf den Kompost geben!

Umfallkrankheit (Erreger *Pythium, Rhizoctonia* und andere) wirkt sich besonders verheerend bei Sämlingen und Stecklingen als Naßfäule aus. Mit einem Fungizid gießen.

Botrytis-(Grau-)Weichfäule tritt bevorzugt bei geschwächten Pflanzen oder an abgestorbenen Pflanzenteilen auf. Gepflegte Sammlungen, luftig und hell gehalten, werden kaum befallen. Eventuell Fungizide einsetzen.

Brennfleckenkrankheit bringt scharf umrissene, eingesunkene, mehr oder weniger kreisförmige, gelbbraune Flecken, die oft dunkelrotbraun umrandet sind. Befallene Stellen ausschneiden, mit Spiritus auspinseln und mit Holzkohlepuder bestäuben. Hohe Luftfeuchte und Temperatur vermeiden.

»Schwarzes Virus« (»black death«) mit Schwärzung der Epidermis tritt speziell bei Stapelien auf. Hier ist keine Rettung möglich.

Braunverfärbungen und Verkorkungen, die durch Pilze hervorgerufen werden, kennt man auch bei *Aloe*- und *Euphorbia*-Arten.

Virosen und Bakteriosen, die bei gewissen *Epiphyllum*- und *Rhipsalidopsis*-Arten oder bei verwilderten Opuntien in Südeuropa, aber auch bei der verzwergten, überreich sprossenden *Opuntia tuna monstr.* auftreten, können direkt nicht bekämpft werden.

Mehr über Pflanzenschutz auf Seite 154/155.

Epiphyllum cooperi im Sommer

Pflanzenschutz bei Sukkulenten

Sukkulenten sind zwar robuste Pflanzen, aber dennoch gegen Krankheiten und Schädlinge nicht gefeit. Die beste Bekämpfung ist die Vorbeugung. Sie besteht darin, Pflegefehler zu vermeiden und öfter mal einen kritischen Blick auf die Pflanzen zu werfen.

***Sonnenbrand.** Symptome: Braunrote Flecken, gelbliche Körper. Abhilfe: Schattieren, besonders im Frühjahr und mittags.*

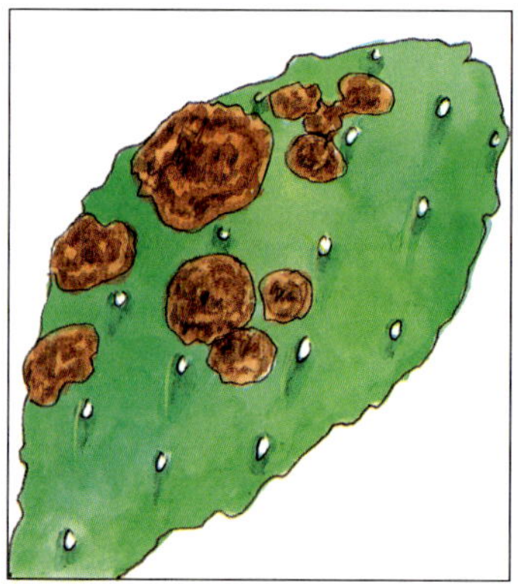

***Korkflecken.** Symptome: Bräunliche Stellen, sich ausbreitend. Abhilfe: Weniger gießen, viel lüften, mäßig düngen.*

***Wurzelhalsfäulen.** Symptome: Verfärbte, glasigfaulige, sich rasch vergrößernde Stellen. Abhilfe: Bei sichtbarem Befall nur noch Kopfstück retten.*

***Vermehrungspilze.** Symptome: Weißliches Gespinst auf der Substratoberfläche. Glasige Sämlinge fallen um. Abhilfe: Aussaathygiene, Lüften, Fungizide.*

Krankheiten

Im Gegensatz zu anderen Pflanzen, die durch Blattfall oder verfärbte Blätter anzeigen, daß ihnen etwas fehlt, erkranken Sukkulenten oft im Verborgenen. Es gilt also, jedes Anzeichen auf eine Erkrankung frühzeitig zu erkennen und erkrankte Pflanzen sofort zu isolieren. Nehmen Sie bei der Suche eine Lupe zu Hilfe. Damit entdeckt man nicht nur einen möglichen Herd besser, sondern auch winzige Übeltäter.

Physiologische Störungen vor allem im Wurzelbereich sind meistens auf Pflegefehler wie zu warme Überwinterung, Übergießen, Überdüngen oder Nährstoffmangel, nicht erfolgte Abhärtung oder vergessenes Umtopfen sowie auf zu dunkle oder zu kühle Standorte zurückzuführen.

Pilze, Viren und Bakterien werden ebenfalls durch Pflegefehler begünstigt. Sie befallen die Pflanze vor allem dann, wenn sie geschwächt ist. Die Anfälligkeit ist vom Entwicklungszustand, der erblichen Veranlagung und den Umweltbedingungen abhängig. Leider sind diese Krankheiten ansteckend, so daß eine Infektion rasch auf eine ganze Sammlung übergreifen kann, zumal Sukkulenten in der Regel eng oder bei Schalenbepflanzung in dem gleichen Substrat stehen.

Schädlinge

Tierische Schädlinge befallen Kakteen und andere Sukkulenten selten. Davor schützt sie ihre oft ledrige, wachsüberzogene, dicke Außenhaut. Am häufigsten treten noch Woll-, Schmier-, Schild- und Wurzelläuse auf, daneben die Rote Spinne, eine Milbe, und relativ selten Nematoden. Schnecken gehen eigentlich nur auf weichfleischige Sukkulenten oder saftige Jungpflanzen und Sämlinge los. Anderes Ungeziefer, wie Blattläuse, Trauermücken, Thripse, Ameisen, Asseln, Würmer, Fliegen, Raupen usw., spielt kaum eine Rolle. Tierische Schädlinge werden immer von außen eingeschleppt oder »fliegen« zu. Stellen Sie neue Pflanzen erst einmal einige Wochen in Quarantäne. Erst wenn dann kein Befall festzustellen ist, sollten sie mit anderen Pflanzen zusammenkommen.

Bekämpfung

Greifen Sie nicht gleich zum Gift, wenn Ihre Sukkulenten krank oder von Schädlingen befallen sind. Versuchen Sie es zuerst mit biologischer Bekämpfung (Nutzinsekten) oder ungiftigen chemischen Mitteln wie Paraffinöl (Weißöl), seifenähnlichen Produkten zum Beispiel auf der Basis von Kaliumsalzen, Insektiziden mit pflanzlichen Wirkstoffen oder biotechnischen Bekämpfungsmitteln wie Gelbtafeln. Erkundigen Sie sich im Fachhandel, der beratend in der Pflicht steht, nach geeigneten Produkten. Nur wenn alles versagt hat und es sich um eine besonders wertvolle Pflanze handelt, kann ein exakt nach Gebrauchsanweisung angewandtes hochwirksames Gift zum Einsatz kommen.

Spinnmilben. *Symptome: Fahle Körper, gelbbraun gesprenkelt, grindig. Abhilfe: Vorbeugend harmonisch düngen. Raubmilben oder Akarizide einsetzen.*

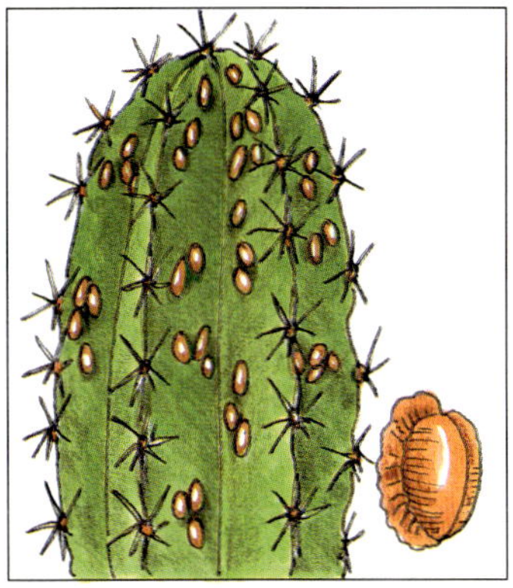

Schildläuse. *Symptome: Braune Schildchen über Altläusen, gelbe Saugflecken. Abhilfe: Australische Marienkäfer, Insektizide.*

Woll- und Schmierläuse. *Symptome: Weißliche, wollige, klebrige Wachsausscheidungen. Abhilfe: Wie bei Schildläusen.*

Wurzelläuse. *Symptome: »Schimmel« an und um Wurzeln. Abhilfe: Erde entkeimen, Gießen mit Insektiziden.*

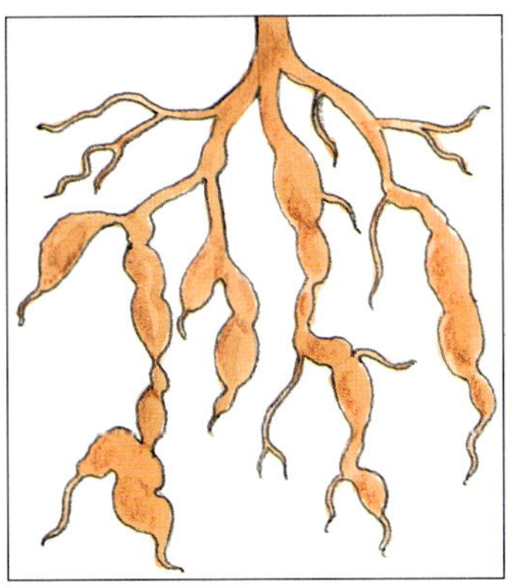

Nematoden. *Symptome: Knoten an den Wurzeln, Kümmerwuchs. Abhilfe: Befallene Pflanzen samt Erdreich vernichten.*

Schnecken. *Symptome: Fraßstellen und Schleimspuren. Abhilfe: Schneckenkorn oder andere Köder, Fallen oder Zäune.*

Pflanzennamen

Sie finden hier die beschriebenen Pflanzen unter ihrem botanischen (in *kursiver* Schrift) und, soweit es einen gibt, deutschen Namen in alphabetischer Reihenfolge. Die **halbfett** gedruckten Seitenzahlen verweisen auf Farbfotos der jeweiligen Pflanzenart.

Sach-register

Leser-Service

Wichtige Adressen für Kakteenfreunde:
Deutsche Kakteen-Gesellschaft e.V. (DKG)
Geschäftsstelle: Karl-Richard Jähne, Nordstr. 18, 2882 Ovelgönne
Schweizerische Kakteen-Gesellschaft, Martin Schumacher, CH-4354 Full
Gesellschaft Österreichischer Kakteenfreunde, Dornbach 63, A-2392 Sulz/Wienerwald
Arbeitskreis für Mammillarienfreunde e.V., Günter Ellenberg, Schusterfeld 12c, 4905 Spenge
INTERNOTO e.V. Internationale Gesellschaft der Notokakteenfreunde, Brandenburger Str. 49, 7140 Ludwigsburg
EPIG Interessengemeinschaft der Freunde epiphytischer Kakteen, Kurt Petersen, Klosterkamp 30, 2860 Osterholz-Scharmbeck
Fachgesellschaft andere Sukkulenten e.V., Bernd Stützer, Raschwitzer Str. 58, O-7113 Markkleeberg

Literatur:
Hecht, Hans: BLV Handbuch der Kakteen. BLV-Verlag, München
Leue, Marga: Epiphyllum. Ilmesmühle, 6419 Haunetal
Rauh, Werner: Die großartige Welt der Sukkulenten. Verlag Paul Parey
Rauh, Werner: Kakteen an ihren Standorten. Verlag Paul Parey

Fachzeitschriften:
Kakteen und andere Sukkulenten. Herausgeber: Deutsche Kakteengesellschaft e.V.
Kakteen/Sukkulenten. Verlag für Fachliteratur, Steubenstr. 33, 6070 Langen
Internationales Sukkulentenjahrbuch. Verlag für Fachliteratur, Steubenstr. 33, 6070 Langen
Mein schöner Garten-Sonderheft Kakteen, Burda Verlag, Postfach 1230, 7600 Offenburg

Botanische Gärten mit sehenswerten Kakteen- und Sukkulentenhäusern
Botanischer Garten der Universität Frankfurt
Botanischer Garten der Universität Hamburg, Stadtteil Klein Flottbeck
Botanischer Garten der Universität Heidelberg
Jardin Botanico Marimurtra, bei Blanes, Spanien
Botanischer Garten der Universität Krakau, Polen
New York Botanical Garden, Stadtteil Bronx, USA

Kakteen- und Sukkulentengärtnereien:
1000 Berlin 120, Il Cacto, Joachim Rauschenbach, Kantstr. 23,
2067 Rheinfeld, Klein Mexico O.P. Hellwag, Heckrathen 2,
2127 Rollstorf, Lüneburger Kakteengarten, Klaus Hirdina,
2246 Süderheistedt, Kakteenversand Metzing, Alter Landweg 6,
2801 Grasberg, D. Brendel, Huxfelderstr. 16,
2860 Osterholz-Scharmbeck, K. Petersen, Klosterkamp 30,
3200 Hildesheim, Kakteen-Martin, Steinbergstr. 61,
4175 Wachtendonk-Wankum, Kakteen-Katze, Grefrather Str. 26,
4200 Oberhausen-Altstadt, Kakteen Centrum Oberhausen, Heinz Vermaseren, Flockenfeld 101,
4200 Oberhausen, Adolf Aigner, In der Sandgathe 27,
4803 Steinhagen-Brockhagen, Mareike von Finkenstein, Abrookstr. 36
5000 Köln 71 (Esch), Eberhard Bludau, Martin-Luther-Str. 1
5140 Erkelenz-Golkrath, EXOTICA, Ernst Specks, Am Kloster 8
5144 Wegberg, Pies, Markusstr. 1
5205 St. Augustin, J.G. Boosten, Holzweg 89
5400 Koblenz-Ehrenbreitstein, Kakteen-Welter, Vor dem Sauerwassertor 7
5440 Mayen, Mexico-Kakteen-Zentrum Karl Bruch, Bachstr. 40a
5650 Solingen-Wald 19, Kakteen Diederich, Wittkulerstr. 138
6102 Pfungstadt-Hahn, Kakteen von Gallinus Reinhold Grieser, Gartenstr. 8
6106 Darmstadt-Erzhausen, Gerhard Köhres, Bahnstr. 101
6111 Otzberg-Lengfeld, Dieter Andreae, Heringer Weg
6117 Schaafsheim, Helga Hussli, Röhnstr. 21
6239 Kriftel, Kakteen May, Am Holzweg 17-21
6419 Haunetal, Kakteen aus der Ilmesmühle, Marga Leue
6719 Eisenberg, Hedwig Pfeiffer, Postfach 1163
6800 Mannheim 51, Fritz Hochstätter, Feldstr. 61
7053 Kernen, Karlheinz Uhlig, Lilienstr. 5
7141 Benningen, E. Epple Erben, Im Schwenning 1
7582 Bühlertal, M. Hils, Grenisbergweg 5
7770 Überlingen, Friedl König, Rauhalde 25
8090 Wasserburg a.Inn, Rottenwalter & Sohn, Äußere Lohe 2
8025 Unterhaching, Th. Brückl, Sommerstr. 20
8721 Schwebheim, Bleicher-Kakteen, Mühlweg 9
8902 Neusäß, Kakteengärtnerei Max Schleipfer, Sedlweg 71

Kakteen- und Sukkulenten-Gärtnereien – Neue Bundesländer:
O-5023 Erfurt, Kakteen-Haage, Blumenstr. 68
O-5089 Erfurt, Cactus-Ranch W. Schulter, Hubertusstr. 5, Pf 93
O-7031 Leipzig, Kakteen Siebert Gerald Siebert, Schloßweg 6
O-7113 Markkleeberg-West, Kakteenkulturen Werner Sporbert, Kirschallee 24
O-7302 Hartha, Herbert Schneider, Karl-Marx-Str. 20
O-8256 Weinböhla, Gisela Treuheit, Sörnewitzer Str. 36,
O-8921 Jänkendorf, Kakteen-Haude, Schulstr. 11/12
O-9048 Chemnitz, Kakteengärtnerei Richard Leibe, Goetheplatz

Die Adressenlisten erheben keinen Anspruch auf Vollständigkeit, sondern enthalten nur Vorschläge. Bitte legen Sie bei Anfragen stets einen frankierten und adressierten Rückumschlag bei. Sie erhalten dann schneller Antwort.

Bildnachweis

Titelbild: Edi Day
Rücktitel: Becherer (l.), Dorling Kindersley (r.)

Apel 30 l.
Becherer 129 (2), 133, 141, 151
Busek 139
Dorling Kindersley 4 l.u.und r.u.; 15 (9), 21 (8); 31; 32 l. und r.; 35 r; 36 l.; 39 l.; 44., 45 u. l.; 48 l., 49 r., 50 l., 51 l. und r. u.; 52 l. und r.; 53 m.; 55 l., 56 m., 57 l. und m.; 58 r., 59 l. und r.; 61 r., 63 l., 64 r., 65 l. und r.; 67 r., 68 m. und r.; 69 l. und r.; 70 m. und r.; 71 m., 72 l., 73 l., 74 l., 75 m. und r., 76, 77 r.,78 l., 80 l. und r.; 87 (3), 88 l., 89 r., 90 m. und r.; 91 l. und m.; 92 o.l. und r. u.l.; 93 r., 94 m. und r.; 95 r., 96 u.r., 97 (3), 98 l., 99 (2), 100 u.r., 101 m. r., 102 r., 103 l. und r.; 104 (4), 106 (5), 107 m. und l.; 108 (2), 109 (3), 110 r., 113 l. und r.; 114 (4), 116 (2), 118 (2), 119 (2), 120 r., 121 r.
Herbel 33 r., 39 r., 40 r., 41 l., 48 o.r., 49 m., 50 r., 53 l., 54 l., 90 l.
Hoffmann 81 l.,
Kleiner 4 m., 37 l und r.; 38 l., 40 l., 42 (5), 43 u., 45 u.r., 46 m. l. und u.l.; 47 u.l., 53 r., 55 r., 56 l. und r., 60 m., 61 m., 62 m., 63 r., 64 l., 66 (2), 67 m., 70 l., 73 r., 77 l., 79, 81 r., 92 u.r., 93 l. und m., 94 l., 96 u.l., m.l. und r.; 100 o. und m., 101 u.l., 102 m., 103 m., 112 l., 115 u.m., 153
Leue 28/29, 46 o., m.r.,u. r.; 47 o., m. l. und r., u.r.; 84/85, 135, 145
Melchert 136/137
Mosaik Zimmerpflanzen-Lexikon 45 o.
Nova 34 r., 49 l., 62 r., 72 r., 78 r., 83
Rauh 13, 30 m. und r.; 33 l., 34 l., 54 r., 61 l., 71 l. und r.; 82 l. und r.; 107 l., 110 l., 111 r, 113 m., 121 l. und m.;
Reinhard 6/7, 8/9, 11, 19, 23, 35 l., 41 r., 57 r., 62 l., 68 l., 77 m., 96 o.;
Smit 44 r., 48 m., 98 r.
Stehling 91 r.
Tschakert 88 l., 122/123, 117
Welsch 125 u., 127
Wetterwald 5 o., 15 o.l., 36 r., 38 r., 43 o., 51 o., 58 l., 60 r. und l.; 67 l., 74 r., 75 l., 82 m., 86 (2), 89 l, 95 l., 100 u.l., 101 o., m.l. und r.; 102 l., 104 m.r., 105 (2), 111 l., 112 r., 114 o., 115 (6), 120 l., 125 o., 131 (2), 143.

Impressum

Autor: Dr. Hans Hecht, Freising
Fotos: siehe Bildnachweis
Illustrationen: Ushie Dorner, Plouray
Buchgestaltung: Hubertus Hepfinger, Freising
Umschlaggestaltung: Tatjana Schmid
Redaktion: Halina Heitz

Der Mosaik Verlag ist ein Unternehmen der Verlagsgruppe Bertelsmann

Repros: Arti Litho, Trento
Satz: Buchmacher Bär, Freising
Gesamtherstellung: Mohndruck, Graphische Betriebe GmbH, Gütersloh
ISBN 3-576-01895-6

Printed in Germany